U0265193

长江少儿科普馆 Changjiang Children's Encyclopedia

中国孩子与科学亲密接触的殿堂

刘兴诗爷爷讲述

# 中国的海洋

## 渤海 黄海

刘兴诗 著

长江出版传媒 | 长江少年儿童出版社

建设海洋强国是中国特色社会主义事业的重要组成部分。要进一步关心海洋、认识海洋、经略海洋，推动我国海洋强国建设不断取得新成就。

——中共中央政治局就建设海洋强国研究进行第八次集体学习，中共中央总书记习近平重要讲话精神

海洋是我们宝贵的蓝色国土。要坚持陆海统筹，全面实施海洋战略，发展海洋经济，保护海洋环境，坚决维护国家海洋权益，大力建设海洋强国。

——2014 年 3 月 5 日，第十二届全国人民代表大会第二次会议，国务院总理李克强《政府工作报告》

中国渤海上的红色日出。（视觉中国供稿）

# ·渤海　黄海·

我爱的中华，黄土地上的国家。

我爱的中华，拥有绵绵海疆的蓝色国家。

黄土地无比坚实，蓝色的海洋也无限坚强。难道你没有听说过，刚柔兼济的古话？不管蓝色海疆的柔，黄土地的刚，都表达出一个不可动摇的根本原则，这都属于咱们的伟大中华。

你去看吧、看吧，听吧、听吧。

仰观历史五千年，俯察碧波八万里。去问四海龙王，去访先人永不消逝的航迹，它们都会一一认真回答。

所有的一切，集成一句话。

不能忘记我们是辽阔的大陆国家，也是辽阔的海洋国家。

不能忘记我们是一统九州的古老国家，也是四海之内的伟大国家。我们拥有九州，也拥有四海呀！

不能忘记我们曾经垦殖土地几千年，也曾经开辟海疆几万里。何曾仅仅局限在陆地上，做一个画地为牢的村夫乡叟？

出海去！出海去！沿着鉴真、郑和的航迹，宣扬中华仁德和国威。

出海去！出海去！跟随戚继光、郑成功的道路，保卫神圣的祖国海疆。

来吧！来吧！孩子们。好好认识我们的 18000 多千米大陆海岸线，14000 多千米岛屿海岸线，几百万平方千米的海洋国土。

来吧！来吧！孩子们。好好阅读历史，熟悉地理。咱们国土的颜色是黄的，也是蓝的。爱护咱们的美丽黄土地国家，也爱护咱们无比壮丽的蓝色海洋国家。

# 目录 contents

## 010 渤海颂 BOHAISONG

HUANGHAIZAN 黄海赞 062

河北秦皇岛，渤海美丽的晨曦。（廖苾梅 /CTPphoto/FOTOE）

啊，渤海，中国怀抱中的大海。

自古以来，你不曾和祖国母亲须臾离开。

秦皇汉武曾经眺望，魏武赋诗，唐宗留句，风流故事千古传扬。毛泽东亦曾来登高寄目，瞻望一片汪洋中的打鱼船，宣示萧瑟秋风今又是，换了人间；心情托亿万，往事越千年。一代代伟人在此巡海，寄托多么深远的海洋希望。

那是海权！那是海权！那是中国固有的海权！越过了你的海峡门户，直至渺渺远洋，中华母土近旁的一切水下、水上疆域，波涛滚滚，沧波荡荡，威震四海八方。

是啊！是啊！千万不要忘记。中华雄霸大陆，自古也是海之国，拥有万里海疆。牢固海权意识，不容动摇怀疑。

啊，渤海，中国怀抱中的大海。

放眼四面八方，你何曾是一个孤立的边海？没有祖国手臂拥抱，岂有你的水的边界？没有中华悠悠五千年文明浸润，数不尽英灵庇佑，岂有你的无穷无尽未来？

你承接了辽河水、海河浪，万里黄河泥沙的营养。祖国肥沃黄土黑土不断淤积，层层叠叠沉淀在你的海底，方能有这般丰富生命元素，哺育波底神鱼。没有这般滋润，怎能养成你那雁飞鱼跃，无穷无尽蓬勃生机？怎能培育出浓浓郁郁水之情，成为不老青春的生命之海？

是啊！是啊！千万不要忘记。你就是浩荡黄河尾闾，来自燕山、太行与遥远祁连、贺兰之泥沙岩屑聚集，内中无数珍宝可堪寻觅。你牵连着亿万黎民魂梦，数不完、说不尽拳拳期望，深切情谊。这是高原情、平畴意，万众的凝结，岂能一句话说得清？

瞧吧！瞧吧！海牵连着山，山牵连着海，方能编织成一部完整的《山海经》故事。

这是纵贯中华大地的山，环绕中华边疆的海，组合成的一部不朽的中华山海交响曲。

这就是四海之中，和中华母土契合最最紧密的渤海的辉煌履历。

赞美你！渤海。

歌唱你，中华的渤海。

我爱你！我爱你！

浩荡沧海，位居北方。世人所爱，不能相忘。

# 中华庭院里的“池塘”

渤海，祖国怀抱中的内海。

渤海，中华庭院中的“池塘”。

说它是内海，一点也不错。山东半岛和辽东半岛伸出手臂，紧紧拥抱着它。渤海以辽东半岛的老铁山角和山东半岛北端的蓬莱角的连线为分界线，与黄海分开，三面被陆地包围，只在东边开了一个小小的口子，完全符合内海的科学定义。

渤海东边开放和黄海相连，北面、西面、南面分别和辽宁、河北、天津、山东三省一市连接，有辽东湾、渤海湾、莱州湾三个大海湾，接纳了黄河、海河、辽河等大小河流。沿岸有营口、葫芦岛、天津、黄骅、龙口等港口。渤海的外形好像一个斜躺着的大葫芦，越看越像，简直就是一个

## 小档案·直隶海湾和渤海湾

你知道吗？清朝末年和民国刚开始的时候，有些人甚至不把渤海当作海，只算是一个海湾。因为它背后紧靠着当时的直隶省，就取了一个名字，叫作直隶海湾。后来直隶省改为河北省，它还被叫过渤海湾呢。

取这个名字的人，没准儿会争辩。只从它的外表看，它好像黄海的一部分，弯进了陆地里面，怎么不能说是海湾呢？你看孟加拉湾、墨西哥湾、几内亚湾、哈得孙湾，都有上百万甚至200多万平方千米，波斯湾也有20多万平方千米。它们那么大，也没有被叫作“海”，仅仅是一个“湾”嘛。

当然啰，有人硬要这样说，似乎也没有太大的错。看来这些人不明白海的分类，不知道大海几兄弟中，还有内海这个种类。北伐成功后，北洋军阀被赶下台，渤海湾就名正言顺恢复渤海的名字了。

## 小知识·海洋的分类

人们嘴里老是念叨着海洋、海洋，以为所有的海洋都是一个样。

不，海是海，洋是洋，完全不是一个样。

洋是远离陆地的海洋中心部分，不仅面积大，水也很深，盐度变化不大，受陆地的影响比较小。世界上有太平洋、大西洋、印度洋、北冰洋四大洋。

海在陆地边缘，是大洋的附属部分，面积比较小，水也比较浅，受陆地的影响明显，盐度变化大。

根据和陆地的关系，海可以分为以下几种：

内海：位于大陆内部的海。例如我国的渤海、北欧的波罗的海等。

边缘海：位于大陆的边缘，和大洋直接连通，中间的界线不明显。例如我国的黄海、东海和南海。

地中海：大陆中间的海。例如欧、亚、非三大洲之间的地中海。

岛间海：岛屿中间的海，通过群岛边界和大洋分开。例如东南亚大巽他群岛中间的爪哇海、班达海、苏拉威西海，西南太平洋的珊瑚海等。

天生的水葫芦。

说它是“池塘”，也说得过去呀！

它并不算太大，整个面积只有77000多平方千米。和它的其他三个兄弟——黄海、东海、南海相比，渤海的确只能算是一个小小的“池塘”。

这不是一般的池塘，是三面陆地围合的“庭院”池塘。

见过庭院里的池塘吗？浙江绍兴王羲之故居里就有这么一个。一池平静的水和台阶、柱石直接接触，紧密蓄在四面的堂屋和走廊之中的空间，而不是常见的那种一片空旷草地、花园中的小湖、水塘什么的，可以更近感染书法家的墨香气息，映照建筑物的细部近影。至柔莫若水，至坚莫若石，柔弱的水和坚硬的木石组合在一起，形成水和建筑的直接融合，似乎水也成为特殊的建筑材料。这样的构思真是别出心裁，除了文化沉淀深厚的中国人，谁还能想出来？

渤海也是一样的。

渤海湾，风景如画的辽宁葫芦岛。（安保权 /FOTOE）

你看它，和四周的陆地紧密契合，除了东边一个狭窄的海峡出口，几乎不留多余的缝隙。岂不是有些像王羲之故居里那个结构别致的水池吗？

那个四面堂廊围合的水池，朝夕承接“书圣”的影响。没准儿一些滴落的墨汁流淌进池内，使不声不响缓缓游动的池鱼，也带上了一些文雅的书卷气。

渤海紧密连接着四周的陆地，情况也是一样的。

那不是一般的陆地。

那是邹鲁孔孟之乡。

那是不远的北京，数代帝王的紫禁城。

那是冀鲁锦绣平原，以及背后的广阔中原大地。

那是滚滚黄河，从遥远河源出发，一路上带来的礼品和亲切致意。

试问，这样的“池塘”难道不比王羲之故居里那个小小水池，更能让人感染浓厚的文化气息吗？

是啊，炎黄世胄五千年文明历史，中华民族说不完的可歌可泣的故事，大多聚集在这中华庭院的“池塘”里。

黄帝破雾战蚩尤，融合各族形成伟大的中华民族的历程，岂不就发生在它的近旁？

大禹治水，汤伐无道夏桀，周武讨伐同样无道的商纣，秦皇汉武一统天下观沧海，以及后世说不完、道不尽的历朝历代兴亡篇章，爱国男儿的热血故事，不都发生在和这个“池塘”毗邻的地方？

古时候，它还有别的一些名字。

“四海”中的“北海”就是它。读过《三国演义》的人都知道，东汉末年“建安七子”中的北海太守孔融，就曾经管辖过靠近它的一片地方。

它曾经被称为“沧海”。

曹操北征乌桓，在此登临碣石山，写下了《观沧海》的名篇。

汉代大儒董仲舒的《春秋繁露·观德》曰："故受命而海内顺之，犹众星之共北辰，流之宗沧海也。"其中的"沧海"二字，说的也是它。

它也曾经叫作勃海。从汉高祖时期到魏晋时期，今天河北沧州一带，曾经设置过一个勃海郡，也就是根据它的名字而来的。

古人口中尽管时刻叨念"四海"，渤海却是四海中最牵连人心、最亲切的一个。

是的，是的，渤海就是一个名副其实的"文化海""历史海"，博大渊深，不是其他别的海能够比拟的。

是的，是的，阅读渤海，就是阅读古老中国的历史。几多征战，几多王朝更替，都默默映进它的波心，沉淀进它的记忆。

是的，是的，这些话说得都对呀！

## 警报台·渤海"碟子"的忧虑

渤海不仅像"池塘"，更像一个浅浅的"碟子"。

你看它不大也不深，平均水深 20 米左右。最深的地方在旅顺港附近，渤海海峡老铁山水道一带，水深也不过 80 多米，比别的海峡浅得多。

请注意，这儿说的是平均深度，不过只有六七层楼房的高度，许多地方更浅。

想一想，如果我们走进一个只有这么高楼层的普通小区，抬头望见楼顶的高度，那就是渤海的"海面"，自己正行走在"海底"，会是什么样的感觉？这么浅的水，挤满了鱼群，一网撒下去，才好打鱼呢！

为什么它这么浅？除了基底地形的原因，还和沿岸河流带来大量泥沙淤积有关系。如果不控制河流泥沙，任随其一年年发展下去，这个"碟子"还会变得更浅，没准儿最后变成一个"盘子"也说不定。

渤海的忧虑，不仅是泥沙淤积，还有严重污染的问题。随着沿岸工业的发展，海洋污染越来越严重了。

大海不是无底洞，更不是垃圾箱，不能随便扔东西。我们爱渤海，就要好好保护它。

闯关东，路漫漫，官军把着山海关。没法过关就过海，一家老小一只船。
瘪肚皮，破衣衫，冒险渡海闯过鬼门关。

# 海上闯关东

走啊，走啊，活不下去的人们，就去闯关东。

走啊，走啊，活不下去的人们，就去走西口。

走啊，走啊，活不下去的人们，就去下南洋。

走西口是山西的农民往西北银川、河套走，压根儿就和大海不沾边。下南洋是广东人、福建人的事。山东、河北老乡活不下去，就只有闯关东了。

唉，常言道，故土难离呀！没事跑那么老远干什么？

嗨，饱汉子不知饿汉子饥。今天生活幸福的孩子们，怎么知道那时候的情况？田里收不了庄稼，肚皮饿得咕咕叫呀！

那是清朝的时候，黄河下游连年遭受灾害，不是水灾，就是旱灾。人没有吃的了，密密麻麻的蝗虫又飞来，破坏庄稼。再加上贪官、昏官、老虎官，粮食税、人头税照收不误，比蝗虫还厉害。老百姓实在活不下去了，只好闯关东。

关东在哪儿？就是山海关以东呀！

出山海关还不容易吗？虽然那时候没有火车和大巴，迈开两条腿走过去就得了嘛。

不，那可不成啊！关东是大清王朝发家的地方。他们自认为那是“龙兴之地”，什么“祖宗肇迹兴王之所”，长期实行封禁政策，进行特别保护，绝对不准汉族老百姓随便进入。为了保护他们的祖宗地盘，他们甚至修筑了上千千米长的“柳条边”。这是一道特殊的满族长城，阻挡外来者随便闯进去。

吉林通化，俯瞰梨花与李花掩映下的松岭人家。这里的住户都是闯关东的山东移民后裔。（视觉中国供稿）

“柳条边”又叫作“条子边”，就是用柳条和别的东西编的篱笆墙。从前，他们的“龙”还没有“兴”，还在挥着鞭子放牛放羊的时候，用这种办法防狼、防狐狸，保护自己家里的牲口，也防止自家的牲口跑出去，现在就用它来防备外来的汉族农民进去开垦了。用他们的话来说，锄头随便一挖，挖断了龙脉，岂不破坏风水，影响大清王朝的根基了吗？所以万万不能放老百姓进来，这可是最重要的“原则问题”。

肚子饿瘪了的老百姓，才不管什么“原则”不“原则”，吃饱饭才是大原则。成千上万饥饿的农民，冒着被严厉惩罚的危险，全家老小背井离乡，硬往山海关外闯。河北和中原其他地方的灾民大多硬闯，或者偷渡山海关。山东的破产灾民只有一条路，就是就近出海划到对面的辽东半岛。

甭管风浪有多大，一路上死了多少人，翻沉了多少船，只要踏上那边坚实的土地，就算达到第一步的目的了。

噢，在那饥饿难忍的岁月，渤海、黄海上，从这边的山东半岛到那边的辽东半岛，不知有多少破木船，装载着男男女女、老老小小的灾民，组成一股特殊的水上人潮，前仆后继向前方驶去。人们不知道将会遭遇什么命运，只是一拨接连一拨往前冲闯。海上闯关东笼罩着一种无法形容的悲壮气氛，谱写了一段特殊的民间历史。

这是一股自发的移民潮，是一股不可遏止的洪流。清朝政府起初还百般阻拦，严厉处罚了一些竟敢触犯禁令的老百姓。可是一点点处分，抵挡不住这些要活命的移民潮。加上后来俄国开始从北边入侵,他们的这个“龙兴之地”已经快保不住了。最后清朝政府不得不取消禁令，允许关内农民前往地广人稀的关东开荒保边。这才是真正保卫国土和整个中华民族的正确行动。

啊，大敌当前。一个个不平等条约正在签订，黑龙江外的土地正一片片丢失。老沙皇还瞄着富饶的中国东北，妄想建立他们的“黄俄罗斯”势力范围。闯关东不仅是为了填饱肚皮，还是值得颂扬的爱国行动呢!

闯关东合法了，更多的关内农民走出山海关，或者从山东半岛过海到关东去。好像西南地区的湖广填四川，今天问一问东北的老乡，许许多多都是全家老小闯关东来的，其中过海的山东老乡特别多。往昔在渤海、黄海上，那一股壮阔的海上移民潮，似乎还在眼前。

当年欧洲向美洲移民，只不过零零星星一船又一船。大名鼎鼎的下南洋，规模也没有这样大。海上闯关东是一拨接一拨，船队密密麻麻遮满海面，可是世界上最大的海上移民潮呀！值得在航海史上好好写一笔。

海上闯关东，了不起!

面朝黄土背朝天的中国农民，放下锄头把稳舵，敢向大海挑战，真正了不起!

渤海银光闪亮，好一派耀眼的冬装。别说北极远，这儿也有“北冰洋”。

# 中国的“北冰洋”

信不信由你，中国也有一个“北冰洋”。

中国的“北冰洋”在哪儿？

呵呵，那就是渤海呀！

我国的四大海中，只有渤海和黄海北部才会结冰。特别是渤海，每年冬天都会结冰，这和温暖的南海、东海大不一样。只不过随着气候变化，不同年份结冰多少也有不同。

黄海北部结冰次数不算多，让我们看看渤海吧！

2010年是近30年来渤海结冰最多的一次。这一次不仅结冰早，分布广，发展速度也很快，几乎覆盖了半个渤海。一些小岛被“冻结”在冰海中间，站在一些地方的海边一看，“海面”上一片银光闪烁，一些地方的冰盖甚至有一米厚，好像一个宽阔无边的大冰场。渔船不能出海，正常的航运受到很大影响，真叫人伤脑筋哪！

渤海为什么会结冰？

是它的特殊地理位置决定的呀！

这里的纬度比较高，在我国冬季0℃等温线以北。冬天同纬度的陆地早就白茫茫一片，海上不结冰才是怪事了。

渤海的地形特殊，三面被陆地紧紧包围，只留下一个不大的出口，还有一道岛链阻隔，外面的海流很难影响它。加上这儿是西伯利亚寒潮的通道，一次次凛冽的寒风经过，大大降低了海上的温度。海水在严寒的冬季要想不结一些冰，简直就不可能，好在结冰的时间不是太长。渤海主要的几个港口都是不冻港。一些大中型河流入海的地方，有大量淡水流进来，也不容易结冰，包括辽宁的辽河口、河北的大清河口、山东的黄河口等。

冬季，冰封大海的壮美情景。（视觉中国供稿）

冰情严重的情况下人们还可以使用破冰船开辟航道，加上冰冻时间不是太长，冰盖一般只有几十厘米厚，影响也不算太大。和其他北方海洋比起来，这也算不了什么大不了的事情。

渤海冰情特别严重的年份不多，偶尔出现一些冰冻现象，反倒增添了一些特殊的风光。

渤海结冰来得快，消融也快，不会拖延太多时间。春天融冰季节，海面上漂浮着许多大大小小的冰块，又是一番罕见的景象了。

这时候的风光特别壮观。有人套用毛泽东的《沁园春》将其改写为“北国风光，千里冰封，万里雪飘。望大海内外，唯余莽莽……”，倒也十分恰当。这里真是不折不扣的“中国北冰洋”。

是呀！这时候的渤海真的像北冰洋，除了没有北极熊，和真正的北冰洋几乎没有两样。

咔嚓！站在冰冻的渤海边拍一张照片。谁会怀疑这里不是北冰洋？虽然这里没有北极熊，可也和北冰洋一模一样。

来吧，冬天到渤海来。在中国的“北冰洋”边，看一看，玩一玩，留下难忘的纪念，多么有趣呀！

## 小知识 · 海水结冰的条件

我们都知道，随着温度下降，水到了冰点就会结冰。

海水也是这样吗？

不，海水和淡水不同，没有固定的冰点，而是和盐度有关系。海水的冰点比淡水低，例如海水盐度是35%的时候，冰点是−1.9℃，而不是0℃。

海水结冰和密度也有关系。当海水表面接近结冰温度的时候，密度就增大了，使表面海水下沉，形成垂直对流，使上下海水混合。当混合达到均匀后，一定深度内的水温接近了冰点，海面才会凝固结冰。不用说，起伏的波浪也会影响结冰过程和厚度。不像陆地上的小池塘，只要温度下降到冰点就结冰了。

孩子们，注意啦！海冰和池塘里的冰可不一样，千万别冒里冒失到海上去溜冰。

背后是关东三省黑土地，面前是连接四海五洲的辽东湾。
辽河入海的地方，曾经的荒凉没沟营，现实的繁荣大商港。

# 营口发迹的故事

营口，不是营门口，是中国东北的南大门。因为这儿是辽河的出海口，三国时期干脆就把这儿叫作辽口。

营口，也是营门口。从前一些蒙古部落在这里放牧，搭起一排排窝棚，好像军营。后来海上闯关东的农民在这里登陆，来的人紧紧抱成一团，搭起了草屋和窝棚在这里聚居，并把这里叫作“营子”。“营”就象征着一个团结的集体，营口的名字也和这一页历史有一些关系吧？

这里是辽河泥沙堆积，迫使海水后退的地方。泥沙形成陆地后还在岸边遗留下一条条潮水沟槽，被河水淹没在下面。所以，从前这里还有一个土名，叫作没沟营，也是这里最早的名字。

哦，原来这里是海水吐出的土地。来自内陆腹地的辽河泥沙，硬从大海怀抱里夺来了一片土地呀！

知道吗？这里就是当年海上闯关东的主要口岸。

想当年，一船船移民从渤海对面的山东来到这里，踏上这片湿漉漉的土地。人们面对着广阔的关东三省，多少希望，多少记忆，多少辛酸，多少期待和梦想，都凝聚在这个起步的地方。

这里的地理位置太好了，1861 年代替附近徒有虚名的牛庄，成为全国屈指可数的商埠之一，被定位为东北货物的进出口岸。1866 年以后，清朝政府就正式把没沟营口岸简称为“营口”。营口的名字就这样来了，一天天响亮，传播到四方。

随着海上贸易越来越频繁，港市也逐渐繁荣起来，营口发展成为辽东湾里数一数二的商港，被称为“关外上海”。这里再也不是什么垦荒的“营

远眺一片繁忙景象的营口港。（杜雪琼 /FOTOE）

子”，荒凉的没沟营了。

这个港口是怎么发迹的？

请记住它的特殊地理位置和开发历史。不管是古时的辽口，还是现在的营口，都说明了一点，这里的地理位置很重要。可别小看了辽河，它是中国八大水系之一。往昔铁路交通尚未开启的时候，这里就是关外最重要的水上进出门户。辽河上游的东辽河、西辽河及其他无数分支好像微血管，穿插进大东北的整个南部，再加上北方更远的松花江流域，以及黑龙江以南的广大腹地。从前东北几乎所有进进出出的物流，统统聚集在这里。一个看似不算太大的港口，联系着广阔的东北大地。一个小口子，连接一个大肚皮，怎么能不重要呢？

从前大连港还没有开发的时候，这里就是东北三省唯一的水运吞吐港。一条河，一个港口，背负着整个大东北，成为东北腹地最近的出海通道。有这么好的地理背景，这儿还不发迹，那才奇怪了！

营口大米很有名，早在清朝时就成为向皇帝进贡的特殊“贡米”，加上附近百里盐田的“贡品盐”，营口早就被皇家和北京的千家万户所熟悉了。这里的水产和水果也很丰富，海蜇、对虾、河蟹、苹果都很有名气。

盘锦是一幅画，盘锦是一首诗，盘锦是一支歌曲。
那是鲜红的碱蓬草编织的画，那是随风摇荡的芦苇荡谱写的诗，
那是数不清的鸟儿鸣唱，传来的一首交响曲。

# 红艳艳的盘锦海滩

盘锦海滩是红艳艳的，红得好像一团火。

为什么是红的？真的是燃烧的火焰？

要不，就是朝霞和晚霞染红的？

不是的，这是天生的红色，是盘锦海滩本来的面目呀！每到一定的季节，海滩就红成一片，和早晚的霞光没有一丁点儿关系。

为什么海滩是红的，不是金黄和雪白的？难道这儿的沙子都是红珊瑚的颗粒，整个海滩都是珊瑚沙铺成的吗？

不是的，这不是沙子的颜色。再说了，红珊瑚生长在热带海洋。这里是处在气候凛冽的山海关外，寒冷季节还会结冰的渤海湾，怎么会有热带的珊瑚呢？

和一般环绕海岸的沙滩不一样。盘锦的红海滩很大很大，顺着流进大海的一条条大河和小河延展，一直伸进很远很远的内陆怀抱。

啊，快告诉我。那是什么季节？海滩怎么会变成一派鲜红？

冬天不成，那时候这

**小卡片·盘锦湿地**

辽河下游有许多分岔，形成一个三角洲，营口并不是它唯一的入海口。盘锦湿地就坐落在辽河三角洲的西边，是辽河下游的另一支——台子河的入海口。由于水流迂缓，这里逐渐生成了这个难得的北国湿地。由于拥有特殊的风光和自然资源，盘锦湿地已经成为国家级自然保护区，是全国最大的湿地自然保护区之一。

盘锦地区还蕴藏着丰富的石油资源，是著名的辽河油田所在地。

美丽的盘锦红海滩，远处是辽河油田的钻井设备。（张恩东 /FOTOE）

儿被一片皎洁的冰雪覆盖。

春天和夏天也不成，那时候这里水草丛生，到处一片翠绿。

只有深秋时分，这里才被大自然老人涂抹成一片红色。大自然好像一位热爱生活的艺术家，毫不吝惜画盘中的颜料，换了一种又一种，永远也用不完似的，把这儿的四季绘成银白、嫩绿、深绿和让人心情喜悦的红色。

啊，人们心儿痒痒的，都盼着到这儿来看一看，盘锦的海滩到底是怎么变红的。

人们来到这儿仔细一看，才弄明白，原来这是一片特殊的海滨湿地，红色是芦苇荡的颜色呀！

不，用芦苇荡这个词不准确。因为这里生长的不仅有芦苇，还有许许多多别的湿地植物。这些真正的红色外衣，是由碱蓬草形成的。碱蓬草和别的水草不一样，生长在盐分很多的盐碱地里。在这受潮涨潮落影响的海滨地带，咸咸的海水不停浸没进来，生成特殊的盐碱地。这样的盐碱地，别的水草受不了，却成为碱蓬草生长的乐园。每到金秋季节，碱蓬草成熟了，一棵棵细弱的茎秆和小叶子几乎都变成了红色，放眼望去好像红色的海洋，就是一派红艳艳的了。

盘锦湿地是有声音的。

这不仅是秋风吹拂苇子的沙沙声，还夹藏着远远近近、高高低低，数不清的鸟儿的鸣叫呢。随着冬去春来，一群群候鸟从远方飞来，聚集在这个隐秘的角落里，整个湿地一下子热闹起来，成为欢乐的海洋。仔细看一看，这个生命乐园里，有被称为“湿地之神”的丹顶鹤、濒危的黑嘴鸥等，总共有 200 多种鸟儿呢。每年有近百万只鸟儿聚集在这里，营造出一种罕有的景象。这个鸟的天堂里，怎能没有美妙的鸟儿的歌声呢？

我醉了，我醉了，沉醉在这个如诗如画、有声有色的盘锦湿地里，完全陶醉了。

**小知识 · 碱蓬草**

碱蓬草又叫“盐荒菜”“荒碱菜”，是一种一年生的草本植物，夏天开花，秋天结种子。它蛋白质含量很高，营养成分十分丰富。它生长在特殊的海滨地带，能够经受咸水的考验。光听碱蓬草这个名儿，就会觉得它有一种说不出的凄苦味儿，没法和其他娇气的植物相比。苦命的碱蓬草象征着苦难，也象征着坚强的性格，难道不是吗？除了这样苦命的水草，什么植物还能在这样恶劣的环境里顺利生长？这难道不是对它最好的评价和赞扬吗？

碱蓬草的嫩叶可以食用，也可以制药。腐烂后的茎叶是最好的肥料，还能肥化土壤呢。

喂，朋友，迈开大步往前走。走上海心一个岛，可不是做梦。

# “走”上笔架山

海岛都在海水中间。请问，可以从岸边走上一个岛吗？

哈哈！那岂不是开玩笑？人不是青蛙，怎么能跨过海水“走”到一个岛上？

信不信由你，锦州湾里的笔架山，人们就可以迈着大步啪嗒啪嗒走过去。

面对着这个波光摇曳中的海上小岛，没有来过的人问：“真的可以从岸边走上去吗？”

当地人一本正经地说：“可以呀！不信，请你来看一看。”

外来的人不信，怀着好奇心来到这儿，抬头一看，水里真有一个小岛，两个山头高高的，活像一个笔架。这是海龙王的笔架吧？没准儿他老人家兴趣来了，就提笔写诗作赋。要不，怎么会把一个笔架放在海水中间？

不，这不是真正的笔架。海龙王可没有诗仙李白的才情，也不可能写什么大文章。这是一个实实在在的小岛，只不过由于两个坚硬的砂岩层，夹着一个松软的泥质岩层，层面几乎笔直竖起，经过风化剥蚀后，生成了笔架的形态而已。

请耐心，别怀疑。别看眼前一派海水汪汪，只要等一会儿，真的就能迈步走上这个小岛了。

不一会儿，潮水退了，忽然出现一幅奇景。

瞧呀！原来海水淹没的地方，慢慢露出了一道天然的长堤，从岸边笔直通向浮在水上的笔架山。请你抓紧时间，赶快迈开步子，就真的可以大摇大摆走上笔架山了。

用尺子测量一下，这道长堤有 1620 米长，是一条露出水面的沙石路，

锦州笔架山和若隐若现的“天桥”。（安保权 /FOTOE）

被当地人叫作“天桥”。传说是一位善良的仙女铺设的，也有人说是铁拐李的杰作。

不，这不是什么神仙的杰作，而是大海自己的作品。

原来笔架山挡住了潮水，迫使它不得不从两边绕过小岛，来一个大迂回。涨潮的时候，潮水从两边包抄，带着泥沙涌向小岛背后的地方，日积月累逐渐在水下堆砌成一道沙堤，和海岸连接在一起。

当然啰，潮水堆积的沙堤很低也很窄。人们再下一些功夫，在两头用木板搭起栈桥，就修筑成一条半人工半天然的沙石路了。

这种好像一根线连接着风筝的海岛，科学家给它取了一个名字，叫作陆系岛。

它的奥妙就在水下那一道沙堤。退潮的时候，堤身露出来，就成为连接海岸和笔架山的“天桥”。

当然啰，下一次涨潮，海水还会淹没它。一开始涨潮人们就不能再走这条路了，因为潮水上涨很快，弄不好就会发生危险。人们只有算准了时间，抓住退潮的那一会儿，才能真正走上海里的笔架山。请注意安全，听从当地有经验的渔夫和水手的安排，算好涨潮、落潮的时间，千万不要冒险。

注意呀！

注意呀！

一定要注意呀！

**笔架山潮汐表**

| 日期（农历） | 满潮 | 干潮 | 满潮 | 干潮 |
|---|---|---|---|---|
| 初一、十六 | 05：20 | 11：35 | 17：47 | 23：59 |
| 初二、十七 | 06：11 | 12：33 | 18：39 | 00：47 |
| 初三、十八 | 06：59 | 13：11 | 19：23 | 01：35 |
| 初四、十九 | 07：47 | 13：59 | 20：11 | 02：23 |
| 初五、二十 | 08：35 | 14：47 | 20：59 | 03：11 |
| 初六、廿一 | 09：23 | 15：35 | 21：47 | 03：59 |
| 初七、廿二 | 10：11 | 16：23 | 22：35 | 04：47 |
| 初八、廿三 | 10：59 | 17：11 | 23：23 | 05：35 |
| 初九、廿四 | 11：49 | 17：59 | 00：11 | 06：23 |
| 初十、廿五 | 12：55 | 18：47 | 00：59 | 07：11 |
| 十一、廿六 | 13：23 | 19：35 | 01：47 | 07：59 |
| 十二、廿七 | 14：11 | 20：23 | 02：35 | 08：47 |
| 十三、廿八 | 14：59 | 21：11 | 03：23 | 09：35 |
| 十四、廿九 | 15：47 | 21：59 | 04：11 | 10：23 |
| 十五、三十 | 16：35 | 22：47 | 04：59 | 11：11 |

说明：在4级风左右的情况下，满潮加上3个小时等于桥面露出水面时间，干潮加上2小时等于桥面隐去时间。

好一座山海关，好一个水陆要塞。长城沿着千山万岭来，笔直伸进大海波心。关外铁骑休想从水上偷渡，严密防守没有一条缝。

# 万里长城的海上“龙头”

万里长城像一条龙，穿越过千山万岭，横卧在中国北方的大地上。

人们说，龙尾在河西走廊尽头的嘉峪关，龙头就是隔绝关内外的山海关。雄伟的山海关关城上写着“天下第一关”五个大字，真是名不虚传。

好一个山海关，一听就弄明白了它的独特形势。这里是山和海连接的地方，也是万里长城东边的尽头。

山，是逶迤东来的燕山山脉。

海，就是隔绝关外辽东和关内河北、山东的渤海。

燕山余脉伸展到这儿，一下子止住了脚步，让位给波涛汹涌的大海。万里长城到这儿也完满地画了一个句号，山海关是名副其实的长城龙头。

山海关真的就是长城的龙头吗？

这话说得对，也有些不确切。

说得对，是因为这儿的确是万里长城的东头，自古以来就是兵家必争之地，发生过无数激烈战斗。人们记住了这座雄关，从来都把它当作万里长城起步的地方。它也成为整个长城的象征。

说这话不够确切也有几分道理。

什么是“头”？那就是起点。

万里长城的起点并不是这个关城本身，它的东边还有一段城墙呀！那一段城墙一直修筑到海岸边，比受来往行人瞩目的关城更加偏东，这才是长城精确的陆上“龙头”。如果有谁硬要认死理，那个挂着“天下第一关”匾额的关门口，就不能算万里长城真正起始的地方了。

得啦，就把这一段延伸到海边的城墙算成“头”，总可以了吧？

万里长城的起点——入海石城“老龙头”。(视觉中国供稿)

也不成啊！从前还能这么算，后来就不能了。

为什么这样说?

因为这是明朝开国时候的情况，戚继光镇守这里后就不能这样讲了。

戚继光仔细观察这个关口后，发现了一个致命的漏洞。尽管陆地上防守得很严密，可是退潮的时候，城墙尽头处就会露出一片海滩。敌人会不会抓住机会偷偷绕过来，岂不是一个大漏洞?

为了堵住这个漏洞，戚继光下令修筑了一段入海石城。它笔直伸进大海里，形成名副其实的“水城墙”，彻底堵死了一切漏洞。敌人再也甭想趁着退潮，踏着湿漉漉的海滩绕过城墙发动偷袭了。

这一段“水城墙”有一个恰如其分的名字，叫作老龙头。

万里长城横亘大地，经过的不是悬崖绝壁，就是狭窄的山脊，所有的城墙和城堡都修在坚实的陆地上。只有这里才和大海亲密接触，是万里长城唯一的入海部分。

山海关有了老龙头，才算是真正有山也有海的山海关了。

戚继光修筑了这一段入海石城，使渤海也融入万里长城的防御体系里，为保卫往昔的边关立下了汗马功劳。

## 故事会 · 戚继光修入海石城

戚继光修入海石城，有一个有趣的传说。

入海石城的海上施工非常困难，人们只能趁着退潮的时候抓紧时间修建。可是潮水一涨，就把刚刚砌好的砖头石块冲坏了，边修边垮，伤透了戚继光的脑筋。朝中奸臣还诬告他劳民伤财，不能按时完成任务，限他三天内必须完成。

这么短的时间，怎么能修好这一段海上长城呢？他急得不知该怎么办才好。

正在这个时候，手下一个老火头军送来饭菜，安慰他说："不用着急，吃了饭就有办法了。"

戚继光不知他有什么办法，只好吃了饭再去视察工地。想不到一阵凶猛的潮水涌来，把沙滩上正在搭锅造饭的地方冲得七零八落。许多铁锅倒扣在墙基上，墙基变得好像坚固的盾牌，波浪再也不能破坏城墙了。在无数铁锅的保护下，戚继光终于修好了一道水上长城。

这个故事就这样流传开了。康熙皇帝也在一篇文章里，记述了这件事："关城堡也，直峙海浒。城根皆以铁釜为基，过其下者覆釜历历在目。不知其几千万也，京口之铁瓮徒虚语耳。"

瞧，皇帝也掺和进来了。这事到底是真的，还仅仅是一个传说呢？

歌颂你，勇敢的小鸟，张开翅膀飞翔，向大海挑战，
演绎了一段可歌可泣的故事，赛过了愚公移山。

# 精卫填海的传说

小精卫、小精卫，小小的精卫鸟在天空中飞翔，从西边的大山，飞向东方的大海。

小精卫、小精卫，小小的精卫鸟在天空中飞翔，衔着一颗颗小石子、一根根小树枝，飞向遥远的大海。

一颗颗石子抛下去，一根根树枝丢下去，沉落进波涛汹涌的大海。

一次次飞来，一次次飞回去，一点也不知道疲倦。

那是什么山？

那是西边的太行山。

那是什么海？

那是东边的渤海。

从太行山到渤海，好远好远。迎着风，穿过云，从西到东要飞多少时间？

喂，小精卫。

喂，不知道疲倦的小鸟儿。

你这样飞来飞去，把一颗颗石子、一根根树枝抛下大海，到底是为了什么？

小精卫不说话。

一个神秘的声音说话了，讲了一个故事。

不，这不是普通的小鸟。她是太阳神炎帝的女儿，有一个名字叫作女娃，非常活泼可爱，喜欢到处玩耍。

有一天，女娃驾着一只小船，划到东方的大海上去玩。海上忽然刮起

高悬在天津火车站大厅穹顶，充满艺术想象力的壁画《精卫填海》。（旗飞 /FOTOE）

了风浪，掀起一阵阵波涛，一下子打翻了她的小船。女娃不会游泳，活生生被淹死了。

啊，这太不公平！怎么就这样扼杀了她的青春，剥夺了这个小姑娘的生命？

女娃不服气，一定要和残酷无情的海神爷抗争，起誓要把大海填平，夺回自己的生命。

她的灵魂变成一只小鸟。她长着花脑袋、白嘴壳、红脚爪，取名为精卫。她从太行山中的发鸠山上，衔着石子和树枝，抛进东方的汪洋大海。

她不填平这个大海，好好出一口气，绝对不罢休。

一只小小的鸟儿，怎么填平大海呢?

有办法！她衔着一颗颗小石子、一根根树枝，一次次飞到海上，把石子和树枝丢下去。她想用这样的办法，慢慢填平汪洋大海。

啊，小小的精卫鸟真勇敢！只要有这样的志气，一定能够达到目的。

请记住这只小小的鸟儿，学习她那永不低头、顽强斗争的精神。“精卫填海”和“愚公移山”一样，都阐明了有志者事竟成的道理，歌颂了坚持不懈的精神。

这个故事传扬在渤海之滨，岂不也传递了一个消息?

她是渤海的女儿。

这就是渤海的精神。

## 小小科学家的话·精卫可以填海吗

精卫填海会成功吗?

有什么不能的?

让我们换一个方式来理解这个问题吧!

一颗沙粒能够填平大海吗?

小小的沙粒比精卫衔来的小石子和树枝更微小，似乎更加不可能。

如果是亿万颗沙粒，再加上漫长的时间因素，就没有什么是不可能的了。

请看世界上许多河流三角洲的形成吧。就以渤海边的海河和辽河来说，冲积带来的泥沙逐渐在河口地区淤积，一点点向大海推进。加上河身来回摆动，慢慢在河口地带淤积成一大片新的土地。陆地渐渐扩大，海洋逐渐后退，不就是亿万颗沙粒所起的作用吗?

小小的沙粒可以这样，精卫衔来的小石子和树枝怎么不能造成同样的结果呢?

精卫填海的故事歌颂了她顽强斗争的精神，也阐明了泥沙淤积可以填平大海的科学原理。

秦皇汉武曾来，眺望苍茫大海。魏武挥鞭，唐宗题诗。
俱往矣，数风流人物，更有今日毛泽东，留下豪迈诗篇。

# 东临碣石有遗篇

秦始皇登临碣石山眺望过大海，汉武帝、曹操、唐太宗也登临碣石山，看过同一片大海。

公元 207 年，曹操在北征乌桓得胜回师的途中，曾经东临海边这座山，写下了一首流传千古的诗篇《观沧海》。

“东临碣石，以观沧海。水何澹澹，山岛竦峙。树木丛生，百草丰茂。秋风萧瑟，洪波涌起。日月之行，若出其中。星汉灿烂，若出其里。幸甚至哉，歌以咏志。”

唐太宗亲自领兵东出榆关（今天的山海关），和高丽大战于辽东。他经过碣石山的时候，也写了一首诗《春日望海》，吟咏道：“之罘思汉帝，碣石想秦皇。”

毛泽东来到北戴河也曾吟咏过：“大雨落幽燕，白浪滔天，秦皇岛外打鱼船。一片汪洋都不见，知向谁边？往事越千年，魏武挥鞭，东临碣石有遗篇。萧瑟秋风今又是，换了人间。”

除了这些留下著名诗词的伟人，南北朝时期的北魏文成皇帝、北齐文宣皇帝等帝王，都曾经到这里来登高望海。北魏文成皇帝干脆就把它改名为乐游山。

好一个碣石山，紧紧靠在海边。主峰仙台顶，又名“汉武台”“娘娘顶”，海拔 695 米。碣石山怪石峥嵘，高高耸峙在海边，老远就能望见，十分雄伟壮观，难怪历代君王都在这里登山望海。

请注意“碣”字，就是“齐胸高的石块”的意思，说的就是一块石碑呀！山有碣石，也就是说山上竖立着一块块石碑。其中一块石碑上刻写着

碣石山上的观海阁。（旗飞 /FOTOE）

“神岳碣石”四个字，表示它是五岳之外，古代的名山之一。

你不信吗？有书为证。最早的古代地理著作《禹贡》就有记载：“夹右碣石，入于河。”古人解释说:“碣石，海畔山。”大禹也曾经到过的这里，可见它不是平平常常的小山。

碣石山在哪里？就在北戴河附近的昌黎城边。从前有人说在辽宁兴城，也有人说在山东无棣，这些都不对。曹操北征乌桓，唐太宗大战高丽，怎么会跑到河北、山东交界的地方去？兴城在关外，秦皇汉武也不会到那里看海。有文物和历史记载作证，这里才是历代君王登山望海的真正碣石山。毛泽东在北戴河提到碣石的事迹，也非常明确地表示，这里就是魏武帝曹操登山吟诗的地方。

为什么许多君王都到这里登山望海？

南北朝几个皇帝是游乐，也许是在深宫大院里住得太闷了，出来旅游一会儿。乐游山的名字就透露了他们的心情。秦始皇、汉武帝是入海求仙，希求长生不老药。

曹操呢？他可不是这样了。他在诗中归结说“歌以咏志”，清清楚楚流露出对大自然的崇拜和爱慕。

古书上清清楚楚记载着秦始皇、汉武帝到这里是“东巡海上”，就是巡视海疆的意思。他们岂不都怀着宽阔的胸怀，寄托了对大海的期望，表现出对海疆的期待、追求和管理的权力吗？

他们曾经面对的，表现出海权意识的，就是这无边无垠、滚滚滔滔、古老中国怀抱里的渤海，进一步扩大，还包括了中国周边所有的海洋。

让我们再重复一句。我们周边所有的海洋的主权，都属于我们的国家，绝对不能动摇，也不能退让半分。

这才是历代伟人对着大海抒发的意识，也是世世代代所有中国人民的意识。

北戴河、南戴河，泡着海水多快乐。
这儿是暑假的天堂，北京的天然游乐场。

# 来呀！到北戴河来玩

雪白的浪花，蓝色的大海，北戴河多么可爱。

来吧！朋友，快来泡海水、晒太阳，钩一钩手指，北戴河不见不散。

北京那么热，天津也够呛，来到北戴河，天气多么清爽。不闷气，不会发脾气，不流汗水，不流鼻涕。当然也就不会瞧见穿白大褂的医生和护士阿姨，不用吃药，不用又哭又喊，哇啦哇啦叫，撅着屁股挨一针啰。

呵呵呵，那可真快乐！

作业做完了，暑假那么长，怎么玩？总不能天天都在胡同里东闯西闯，认识的都是小李、小王、小张。来到北戴河，那么多新朋友，开开心心在海里泡一泡，忘记上午和下午，忘记白天和晚上，忘记回去吃饭看动画片。玩呀！玩呀！拉着新伙伴，有话说不完，玩得稀里哗啦，那就统统熟悉啦！

听说过雁飞鱼跃这个词吗？

自由的海鸥上上下下飞，神秘的鱼儿远远近近游。这儿是自由的天地，自由的动物才是真正的天使。老是看关在笼子里的狮子、老虎，假装活泼的猴子。它们在有形的笼子里，你在无形的笼子里。它们懒洋洋，你也懒洋洋，多没意思。

没趣，没趣，真的太没趣。

是呀！是呀！见惯了家里的小猫，院子里的小狗，还得和天上的海鸥，水里的鱼儿交一交朋友。

**小知识·海岸沙丘**

海岸沙丘常常生成在潮间带有大量松散沙子堆积的岸边，是在强劲的海风不断吹动下形成的。海岸沙丘很少孤零零一个，常常成片分布在原来的小丘上，覆盖着一层层被风带来的沙子。

北戴河，美丽的海滨沙滩。（视觉中国供稿）

你爱它们，它们爱你，这才是和谐的天地。

哼哼哼，你以为这儿只有海水和沙滩，别的什么都没有了吗？告诉你，那才不是呢！这里也有古怪的岩石，碧绿的丘冈。想看山，就看山，想玩水，就玩水，一切都随便你。

信不信由你，这儿还有海滨沙丘呢。一片连绵起伏的沙丘，紧挨着海边。钻进去一看，身前身后都是黄色的沙子，和蓝色的大海完全不一样。站在沙丘上摆一个 POSE，咔嚓拍一张照片，带回去对小伙伴们说，自己刚刚从新疆回来，这是在塔克拉玛干大沙漠里拍的，准会蒙住好些人。

来呀！来呀！快到北戴河来。我在沙滩上等候你，好像一个真正的人鱼。

来呀！来呀！快到北戴河来。我躲在一堆大石头里等着你。要想找到我，可没有那么容易。

来呀！来呀！快到北戴河来。这儿是暑假的天堂，活像童话故事里的世界。

来呀！来呀！快到北戴河来。来了北戴河，才能回去给窝在家里不动的小朋友，天花乱坠吹牛皮。

### 小卡片·北戴河、南戴河、秦皇岛

北戴河紧挨着秦皇岛和南戴河，距离北京258千米，从东四环上京沈高速公路，三个多小时就到了。它距离天津更近，说得夸张一些，几乎一眨眼就到了。北戴河是北京、天津附近，乃至渤海湾里最好的避暑和疗养的胜地。这儿有金色的沙滩，碧蓝的大海，可比北京、天津城里好多了。从初夏的5月到金秋10月，特别是最热的7月、8月，引来四面八方的游客。有人说，这儿是“夏天的北京”，也有一些道理呢。

南戴河紧挨着北戴河，两个地方隔着一座戴河桥。现在两个地方互相不断发展扩大，几乎就快成为同一个旅游区。

秦皇岛位于中国东北部，因秦始皇到这里望海求仙而得名。秦皇岛市境内文物特别多，风光特别好，是首批全国沿海开放城市之一，也是优良的海港。著名的山海关、北戴河都在它的境内。

塘沽好，海河奇，热热闹闹天津卫。建城六百年，工商繁荣大都会。

# 塘沽、海河和天津

天津海边有好些“沽”。什么塘沽、汉沽、大沽、后沽、葛沽、北河沽、南河沽、咸水沽，号称“七十二沽”，一下子数也数不清。

外来人不明白，什么是“沽”？天津人解释说，就是“小海”呀！

“小海”是什么？

就是大大小小的湖泊和池塘嘛。

天津市东北边宁河区境内有一个地方的“小海”挺大，人们干脆就叫它七里海。宽阔的水塘和小湖边长满芦苇丛，微微的风吹着沙沙响，是一片风景幽美的湿地。写书的老头儿到过那里，简直舍不得离开。看旁边一块碑上记述，这个七里海就是六七千年前一个古潟湖的遗迹。

天津的“七十二沽”里，最有名的是塘沽和大沽。

在天津人的心目中，塘沽最亲切，被亲昵地称为“塘儿沽”。据说这里是南宋时期的海岸线，黄河曾经在这儿入海，带来许多泥沙，逐渐淤积形成陆地。

为什么人们喜欢这个“塘儿沽”？因为这儿的水塘特别多，是养鱼和垂钓的好地方，距离市区也不远,交通很方便。

说起塘沽，就忘不了有名的永利碱厂。这是民族企业家范旭东早在20世纪20年代创办的。在化工学家侯德榜的带领下，他们打破洋人的封锁，

### 地名库·天津和天津卫

天津的名字是怎么来的？

这是由于当年明成祖夺取帝位成功，从这里领兵渡河，所以就把这里叫作天津，意思就是“天子过河的渡口”。

公元1404年，明成祖迁都北京后，在天津筑城设卫，作为保卫北京的重要地点，所以天津又叫天津卫。

穿天津城而过的海河以及海河边的摩天轮——天津眼。(白文起 /FOTOE)

发明了“侯氏制碱法”，制造出优良的纯碱，实现了“实业救国”的梦想。

侯德榜的一生是爱国科学工作者的一生。他从苦难的旧中国走到新中国，勤勤恳恳为国家服务，直到七八十岁的高龄还在努力工作。新中国成立后，他为发展小化肥工业，推动农业生产做出了巨大贡献，人们永远不会忘记。

为什么塘沽能够成为这么大的化学工业基地？这和当地出产海盐有密切关系。

原来沿着河北省和天津市的渤海湾，全长 370 千米的海岸线，自古就是产盐的中心。著名的长芦盐场，产量占全国海盐总产量的四分之一。塘沽盐场规模较大，是整个长芦盐场的核心之一。有了这样的条件，塘沽就因地制宜发展起以制碱为主的化学工业了。

汉沽也是天津滨海新区的重要化学工业基地之一。这儿以海洋化工为主，加上别的许许多多工厂，是一个多门类综合发展的工业区。

这里不仅利用优越的地理条件，发展了以化工为龙头的综合性工业体系，还利用“沽”——水塘多、面积广的条件，发展水产养殖业，种植北方罕见的水稻，培育出了有名的“小站稻”呢！

“七十二沽”中，最有名气的是大沽，也就是大沽口。

大沽口，是什么“口”？

这就是海河入海的地方呀！

海河是中国七大江河之一，也是一条最古怪的河流。

为什么海河可以和长江、黄河、珠江、淮河那样的大河相比，进入大河的行列？

因为它汇集了包括北运河、南运河、永定河、大清河、子牙河等河北平原上大大小小300多条河流。整个海河水系，腹地非常宽广。如果它以上游的卫河作为源头，全长1050千米。这样的千里大河，世界上能有多少？怎么不能算是大河呢？

为什么说它有些古怪？

因为它的上源虽然很长，干流却很短。从天津市区的金刚桥算起，到大沽口流进渤海湾，干流只有短短76千米。请问，世界上哪有这种干流比自身的任何支流还短得多的大河呀？这岂不太古怪吗？

这条河有好长一段都是从热闹的天津市区中流淌而过，和灯红酒绿的闹市分不开，哪像平常的河流啊，简直就是一条特殊的“城市河”。

为什么说它很古怪？

还因为它的水流并不是一直往下流，有时候还会倒流呢。

咦，这可奇怪了，河水怎么会倒流？

因为这儿紧紧挨着海边，涨潮的时候，潮水会倒灌进来，形成河水倒流的“逆河”

**你知道吗·天津的生日**

每个孩子都把自己的生日记得牢牢的。

为什么？因为过生日的时候可以吃甜甜蜜蜜的生日蛋糕呀！

天津也有自己的生日。

记住啦！它的生日是明朝永乐二年十一月二十一日。换算为公历，就是公元1404年12月23日。那一天，明朝正式在这儿修筑城墙和城门楼，当然就是它的生日啰。

请记住，这可是中国古代唯一有确切建城时间记录的城市，至今已经有610多年了。

现象。不消说，河水也就带着一些咸味和海水差不多了，所以它才被叫作海河吧。从前河上没有修建桥梁，一些海轮可以直接开进天津市区，人们在闹市里可以直接上船出海。从这一点来说，它也该叫作海河了。

从天津流过的重要河流，不仅有海河，还有大运河。古时候南粮北运，主要依靠运河漕运。天津靠近大运河的终点北京，自古就是漕运的重镇，也是海运和关外东北连通关内华北的水陆交通枢纽。加上后来对外通商，这里也是近代“洋务运动”的发祥地之一。所以，天津很早就发展成

## 小小科学家的话 ·“沽”的来历

这儿“沽”呀“小海”的，都是从前海退留下的残迹。

海退就是陆进。陆地没有脚，怎么会前进呢？因为河流泥沙一点点淤积，大海一点点后退，陆地就一点点前进了。

这儿最大的河流是海河，陆地就是海河的泥沙淤积形成的吗？

那才不见得！海河能有多少泥沙？比不上黄河的多。信不信由你，古时候黄河至少有三次在天津和河北境内流进渤海。

周定王五年（公元前 602 年），黄河在宿胥口（今淇河、卫河合流处）决口，水流浩浩荡荡从今天河北省的沧县东北入海，和天津来了一个擦边球。

西汉时期，黄河曾经在河北省黄骅市境内入海。

北宋仁宗庆历八年（公元 1048 年），黄河在澶州商胡埽（今天河南濮阳境内）决口，河水向北直奔大名（今河北省大名县），经聊城西至今河北省青县与卫河相合，一直流到天津入海，生成了当时的“北黄河”。当时黄河有两条，另一条“南黄河”，又叫“东黄河”，在今天山东省无棣县境内入海。

请注意，这仅仅是古代历史时期的记载，更早的史前时期就说不清了。谁知道黄河曾经有多少次在天津入海呢？再说了，黄河入海不是一根直肠子，笔直流进大海。下游总是一个巨大的三角洲，分为许多岔流，对天津的影响就更加明显了。黄河一次次在这儿流进渤海，不断淤积泥沙，陆地就不断前进，大海逐渐后退了。海退留下的一些洼地里的积水，就成为大大小小的“沽”。

天津塘沽港口。（刘朔 /FOTOE）

为一个繁荣的商业城市。

天津原本就是北方最大的商业大都会，是经过海河和大沽口通往世界的窗户。如今它又是全国四大直辖市之一，随着时代发展，从前的港口不够用了，人们又在海边修建了规模宏伟的天津新港，又叫塘沽新港。新港建成后，货物进出口更加方便，吞吐量更大了。加上工业快速发展，天津也一天天更加繁荣了。

天津的土特产真多呀！

到天津，可别忘记了带几个泥人张彩塑回去，放在书桌上仔细欣赏；也别忘记了这儿特有的美味，狗不理包子、猫不闻饺子和十八街麻花，坐下来好好品尝品尝。

天津并不仅仅是一座商业城市，也是著名的文化教育中心。特别是甲午海战后，有感于教育落后的爱国教育家张伯苓先生，为了实现“读书救国”的主张，默默脱下水兵服，创办了南开系列学校。这里培育出周恩来和许许多多其他英才，实现了他和一代代爱国者的梦想。

让我们一起高唱南开校歌，为天津放声歌唱吧！

“渤海之滨，白河之津，巍巍我南开精神……”

这渤海滨、白河津，岂只是一个南开学校？从往昔的祖国苦难时代，一步步发展到灿烂辉煌的今天，整个城市都在演绎着这样的巍巍精神。

一层层贝壳，一道道堤，传递了古代海岸的消息。
这里曾经波涛喧响，拍岸卷起千堆雪。
一个个贝壳，一个个小小的历史使者，静静诉说海退陆进的秘密。

# 天津贝壳堤

这儿是渤海湾，这儿是天津郊外不远的地方。这里没有闹市的喧嚣，也听不见海上波涛澎湃不休的声响。周围静悄悄的，只有野地里风儿溜来溜去，扬起忽高忽低的声音，让人们猜一个难解的海滨疑谜。

这一片野地叫人看什么？

风叫人猜什么？

瞧吧，这儿有一道道神秘的“建筑”，横亘在没有人影的地面上，起起伏伏、高高低低，延续得很长很长。

请问，它有多高？

高的地方几乎有 5 米，两个姚明加起来，也比不上它；低的地方还不到半米，刘翔轻轻松松就能跨过去。

请问，它有多宽？

宽的地方有几十米，窄的地方也有好几米。

请问，它有多长？

仅仅发现的就有好几十千米长。从这一头到另一头，几乎和马拉松赛跑的途程一样长。

请问，从头到尾它都是一样高、一样宽、一样长吗？

不，前面早就说过了，它是起起伏伏、高高低低、断断续续的，并不是一个样子。

啊，这是什么东西？是什么朝代，什么人，为了什么修筑的？

它是一道古代城墙吗？经过烽火洗礼，岁月摩挲，只剩下一段高低不

天津古海岸与湿地自然保护区内的第三道贝壳堤。（李胜利 /FOTOE）

一的残墙断垣，向人间诉说往昔的沧桑记忆？

它是一道防洪大堤吗？曾经抵御汹涌海潮，保护背后的田地和民居？

天津是古时拱卫京师的国门，担负起抵御外敌的光荣任务，曾经上演过无数次惨烈战斗。难道这是一道道特殊的防御工事，在炮火中毁坏，只留下这一段残迹？

不，都不是的。它到底是什么，走过去仔细看看就明白了。别站在远处东猜西猜，说是什么城墙、防洪堤。

外来的拜访者满怀疑惑走过去，低头一看，一下子惊呆了。

啊，这儿没有残砖断瓦，压根就不是人工建筑。只见数不清的贝壳，堆砌起这一道道长长的埂子。

当地人说，这是蛤蜊堤呀！

蛤蜊怎么能堆成这么一道长长的堤？难道是人们吃掉鲜美的蚌肉，留下的一种特殊的垃圾堆？

哈哈，又猜错啦！渤海湾一带，蛤蜊又叫蚬子，就是贝壳嘛。现在渤海边常见的有花蛤、文蛤、西施舌等品种，都是海贝壳。这儿的贝壳堤上的贝壳种类非常丰富，还有许多螺呀蚶的，一些种类在今天我们的餐桌上找也找不到了。它们总共有好几十种，统统是生活在潮间带和浅海海底泥沙中的软体动物。这些贝壳有的很完整，有的是碎片，一股脑儿堆积在一起，堆成了这些又高又长的贝壳堤。

噢，原来这不是人工建筑物，是大自然老人的作品呀！海贝壳当然离不开大海，统统是海神爷留下来的证据。

科学家看了说，这是从前贝壳被潮水冲带上来，日积月累堆砌在这儿形成的。在天津沿海，至少有四道同样的贝壳堤，表示海岸线的变化。科学家用碳同位素绝对年代测定法，结合考古学方法研究，很快就确定了它们的时代。

距离海边最近的第一道贝壳堤，从北边的汉沽到南边的大港，经过离海不远的几个小村子，生成在几百年前。

背后的第二道贝壳堤生成距今 2600 年至 1500 年，大约相当于战国时期到唐朝。

第三道贝壳堤生成距今 3800 年至 2800 年，大约相当于商朝到西周时期。

第四道贝壳堤生成距今 4700 年至 4500 年，距离现代海岸 220 千米至 270 千米，比中国历史上最早的夏朝还早，接近传说中的黄帝和炎帝的时代了呢!

其中，保存最好的在七里海一带，人们专门建立了保护区。古时候的海滨潟湖，如今成为一大片湿地，风光十分美丽。瞧着眼前静悄悄的芦苇荡，谁能想到这儿曾经是海浪拍打的地方呢?

一道道不同时代的贝壳堤，清清楚楚反映出天津附近渤海湾沿岸的海陆变迁。仔细测量它们和海边的距离，就能计算出不同时期海岸线变化的情况。

天津古贝壳堤是世界三大古贝壳堤之一，是一个了不起的奇观和自然证据。一道道贝壳堤，记录了海陆变化的沧桑，表示海岸曾经一次次向前伸展，渤海曾经一次次后退呢。

大沽口炮声隆隆，战士多么英勇。捍卫“国门”不后退，永远牢记在心中。

# 英雄的大沽口炮台

大沽口紧密连接着天津，背后连通北京，地理位置十分特殊。

要知道，自元、明、清三代以来，北京都是皇帝所在的都城，是整个国家的中心。大沽口坐落在这儿，是不折不扣的“国门”。

“国门”要好好防守呀！从明、清两代开始，这里就是全国最重要的

被英法联军攻陷后的天津大沽炮台。（菲利斯·毕托 /FOTOE）

海防要塞，向来有“南有虎门，北有大沽”的说法。

虎门哪，大沽呀，留下了一个个难忘的故事。

到了清朝末年，国势越来越衰弱，国际形势对中国非常不利。当时的清朝政府警惕到危险就在眼前，于是就赶在第一次鸦片战争开始的前夕——道光二十年（公元 1840 年），连忙在这里修建了南、北两个炮台，安放了 30 多门大炮，作为保卫京师的措施。

咸丰六年（公元 1856 年），英国和法国发动第二次鸦片战争后，清政府的形势越来越不好。僧格林沁亲王作为钦差大臣到这里督办防务，急忙对炮台进行全面整修，又修建了“威”“震”“海”“门”“高”等几座新炮台，增加新式大炮，加强防守力量。

咸丰九年（公元 1859 年）六月二十五日，新炮台刚刚修建好不久，英法联军就在这里登陆进攻了。30 艘军舰载运着 2000 多个士兵，借口要到北京交换条约，强行闯进河口，进攻大沽口炮台。守卫炮台的直隶提督史荣椿和副将龙汝元，分别在南北炮台指挥官兵奋起抵抗，开炮击毁击伤敌舰，并打死登陆的敌兵。战斗中，亲自挥旗督战的史荣椿被炮弹炸成重伤。根据当时的记载，他“自知不起，犹复指挥三军，大呼杀贼而死”。副将龙汝元也在战斗中不幸中弹身亡。在这最后的紧要关头，炮台守军怀着悲愤之情咬牙战斗，终于和增援的骑兵一起奋勇拼杀，打退了武装到牙齿的侵略联军。

人们没有放弃这个号称“第一国门”的英雄炮台。大沽口炮台经受了第一次战争的洗礼，后又经过了一次次损坏，一次次修复，连续经历了四次大沽口保卫战。

光绪二十六年（公元 1900 年），八国联军入侵大沽口。镇守这里的罗荣光誓死不投降，率领全体官兵顽强抵抗，打死登陆敌军上百人，击伤敌舰六艘。清军最后寡不敌众为国牺牲，又书写了一页血染的历史。

1901 年《辛丑条约》签订后，帝国主义列强为了能让他们自己在中国横行无阻，解除中国的武装，强行拆毁了大多数炮台。大沽口炮台只残留南岸的“威”字和“海”字炮台以及北岸的“方”字炮台作为纪念。

英雄的大沽口炮台永远留在中国人民心中。如今大沽口炮台遗址被定为全国重点文物保护单位和天津市爱国主义教育基地。

## 历史卡片·第二次鸦片战争和八国联军

第二次鸦片战争从1856年10月开始至1860年10月结束，前后分为两个阶段。

第一阶段从1856年10月23日，英国军舰闯进珠江进攻广州起，到1858年6月，中英、中法签订《天津条约》为止。条约规定开放一系列城市作为通商口岸，鸦片进口合法化，各赔偿英国和法国白银400万两、200万两，中国海关聘请英国人“帮办税务”等内容。

第二阶段从1859年6月，英法侵略军进攻大沽口炮台开始，到中英、中法签订《北京条约》为止，中间包括火烧圆明园事件。条约规定开放天津为商埠，割让九龙半岛给英国，对英国和法国再各赔偿白银800万两等内容。

八国联军是指1900年以军事行动侵入中国的英、俄、日、美、德、法、奥、意八个帝国主义国家的联合军队。八国联合进攻中国，最后逼迫中国签订了丧权辱国的《辛丑条约》。条约规定中国赔款白银4.5亿两，划定北京东交民巷为使馆界，允许各国驻兵保护，不准中国人在界内居住。清朝政府保证严禁人民参加反帝运动。拆毁天津大沽口到北京沿线设防的炮台，允许列强各国派驻兵驻扎北京到山海关铁路沿线要地等。

这不是胡思乱想，是一个可靠的科学幻想。
渤海水浇灌沙漠，多么瑰丽的设想，多么美好的向往。

# “海水西调”的幻想

20 世纪 60 年代初，写这本书的老头儿发表了一篇科幻小说《北方的云》，回忆起从前在北方工作的时候，曾经到浑善达克沙漠考察。写书的老头儿注意到那儿距离北京很近，可能会生成沙尘暴，影响首都北京的生活，产生了一些忧思。

如果沙漠扩张，还会破坏周边的环境，造成的影响就更大了，于是幻想人工制造一系列低气压，使用特殊的气象学办法，通过一条特殊的“空中走廊”，牵着渤海雨云的鼻子，引到需要水的沙荒地里，增加降雨，改造沙漠，保护北京的安全。

科幻小说毕竟是科幻小说，不能当成是真的。可是从实际科学考察和现实生活中产生的课题研究，这并不是关起门来的胡思乱想，也是有一些现实意义的。随着时间推移，那儿的环境逐渐恶化。当年不幸而言中，沙尘暴真的成为影响北京和附近地区的一只“沙老虎”。追查风沙的来源，浑善达克沙漠的确就是影响最大的元凶之一。

怎么改造环境，怎么对付沙尘暴，再也不能幻想，必须认真对待。广阔的沙漠和其他干旱地方，最缺乏的是水。只要有了水，就能改变环境，化戈壁、沙漠为良田，至少也可以阻挡一只只“沙老虎”不断向外发展，吞噬村镇和田野。

科学的幻想不是空想，凭着科学技术的力量，许许多多幻想都能够好梦成真。记得吗？科学家提出了“南水北调”的计划，做出东、中、西三个方案，把长江流域的水引到缺水的北方，已经踏踏实实一步步进行了。

现在又有人提出了另一个更加大胆的计划，来一个“海水西调”，把

内蒙古锡林郭勒浑善达克沙漠景象。（杜殿文 /FOTOE）

东边的海水引到西边的干旱区。距离西部和北方沙漠最近的大海就是渤海，可以把渤海水引进沙漠吗？这就是富于想象的“海水西调”计划。

提出这个计划的科学家设想，使用不容易被海水腐蚀的特大玻璃钢管，通过处理后，把基本脱盐了的海水，源源不断输送到缺水的干旱地区。这样就能控制沙漠蔓延，达到改变环境的目的了。其中，浑善达克沙漠距离渤海最近，对北京威胁最大，首先就在这里做实验。

管道输水不是问题，即使从低低的海平面输送到地势比较高的地方也有办法。可是海水不是淡水，会不会造成土地盐碱化？

设计者解释说：“不会的。”

渤海是一个半封闭的内海，周围有许多河流流进来。河水会冲淡海水，所以渤海海水的含盐度本身就比一般的海水低得多。加上特殊的半透膜过滤的方法，使盐分和海水分离，就能避免土地盐碱化的情况了。计算一下成本，这种办法还是很合算的。

如果这个办法成功，只能治理浑善达克沙漠吗？

“海水西调”的设计者说，那才不见得呢！只要想办法把渤海海水提升到干旱地区的高原上，就能利用天然地形加上人工引导的办法，把水引进一些封闭的洼地里，形成一个个大大小小的湖泊和湿地。它们好像一个个水心脏，成为水汽供应的来源，通过水分循环增加降水量，从根本上改变西北和华北地区干旱的恶劣生态环境。

设计者还设想海水可以沿着流经燕山、阴山山脉以北，穿过狼山向西进入居延海，再绕过马鬃山进入新疆，分为三支浇灌新疆大地。北边一支进入艾比湖，中间一支进入吐鲁番、哈密盆地，南边一支进入罗布泊盆地，唤醒早已沉睡两千年的楼兰文明。

啊！这个计划太美妙了。如果真的能够实现，该有多好呀！

哈哈！这不就是科幻小说《北方的云》的翻版吗？这个计划设计得更加科学，办法更加合理，完全有可能实现。

哦，明白了，科幻小说并不都是胡说八道，只有那些完全脱离实际的幻想才是白日做梦。从科学和现实生活本身出发的设想，完全有可能成为明天的事实。

是啊！没有幻想就没有科学进展，没有合理的想象就没有明天。仔细想一想，什么科学发明不是在有根据的幻想基础上萌发的呢？

但愿“海水西调”的梦想能够成功，让咫尺之近的渤海也为沙漠环境的改造，做出伟大的贡献。

“黄三角”，渤海边的金三角。地下冒出石油，天上飞来天鹅。
盐多、瓜多、鱼虾多，住在这儿真快乐！

# 黄河入海流

“白日依山尽，黄河入海流。”

白日依山处处可见，黄河入海就只有唯一的归宿。

请问，黄河归宿何处，在什么地方流进大海？

说起这条大河，有说不完的故事，也有说不完的归宿。先不说曾经到处撒野摇来摆去，从南向北到处闯荡入海经历的古黄河，只说今天的黄河吧，翻开地图一看就明白。它不就是在山东省西北角流入泱泱渤海的吗？

黄河不是小溪小河，一根肠子流到底。黄河和别的大河一样，入海都有自己的磅礴气势，奔流到下游接近大海的某个地方，一下子撒开来，生成一个面积广阔的三角洲。

这就形成了世间独一无二的“黄三角”。

在这儿，它的外貌变了。

你看它，再也不是上游和中游一些地方的样子了。它再不是深深嵌切在峡谷中间，好像被禁锢在笼中的一头猛兽，一旦冲出两边紧紧约束的岩石牢笼，就会闹出惊天动地的大乱子。它也不是下游平原上特殊的“悬河”，河身高高凌驾在两边平原上，好似悬挂在头顶的达摩克利斯之剑，使人心惊胆战。只要稍稍有一个缺口，河水就会一泻而下，无情吞没周围的田地和村庄。洪水猛兽这句话，也许就是从这里来的。

在这儿，它的脾气也变了。

你看它，再也不像在上游和中游的一些峡谷里，仿佛有用不尽的力气，拍打崖壁和礁石，像野牛一样凶猛冲撞；再也不像《黄河颂》中所歌唱的那样，“惊涛澎湃，掀起万丈狂澜。浊流宛转，结成九曲连环”；也不像一

黄河入海口，黄河三角洲湿地风光。( 俄国庆 /FOTOE )

个不安分守己的野孩子，在下游平原上到处游荡。它一次次决口、一次次改道，整个大平原无处不留下它的活动印迹。

万里黄河流到了这里，简直就像变了一个人。身子放得很低很低，脚步轻轻的，似乎生怕惊动了周围的一切，扰乱了天地的宁静。如果说上游和中游代表黄河不知天高地厚的青年时代，不服家长管教，有用不完的力气，它不顾一切冲呀、撞呀，巴不得一下子就冲破约束，闯出一个自以为是的精彩世界，下游平原上的黄河则是事业崇隆的壮年时代，高高凌驾在两侧低平的大地上。它尽管不动声色，却威权逼人，流露出一派飞扬跋扈的气势，令人不得不敬畏三分。将要入海时的黄河，就像人生的晚年，舍弃了一切喜怒哀乐、荣华富贵，领悟了生命的真谛，归于平和安静。这正如南宋诗人蒋捷笔下所描写，少年、壮年、老年听雨的不同心境："少年听雨歌楼上，红烛昏罗帐。壮年听雨客舟中，江阔云低，断雁叫西风。而今听雨僧庐下，鬓已星星也。悲欢离合总无情，一任阶前，点滴到天明。"

噢，想不到诗仙李白所说的黄河之水天上来，不可一世的莽莽黄河，居然也有衰老悟禅，归结于平静的一天。这就是其尾闾三角洲上，河势的真实写照。

是啊！是啊！黄河摇身一变，在这里静悄悄地一次次改道、一次次分岔，不声不响完全变了一个样子，生成了一个巨大的三角洲。

黄河是在利津开始分岔的，这里就是三角洲的顶点。黄河原本很宽的干流，逐渐分出一些大大小小的岔流，穿插在三角洲平原上。水势变得更加缓和，再也没有原先盛气凌人的气势了。这是一片低平的平原，整个地面不过高出海平面几米，似乎海上一股大潮涌来，就会被统统淹没。

别担心，当然没有那么大的潮水，居住在这儿的人们不必害怕。道理很简单，因为它不仅比海面高一些，也非常广阔呀，哪有那么大的潮水，能够一下子铺开，纵深好几十千米，淹掉整个三角洲？

请问，这个"黄三角"有多大？

它的面积有5450平方千米，几乎是海南岛面积的六分之一，可不算小呀！

请问，这个"黄三角"也和有名的"长三角""珠三角"一样吗？

不，人各有貌，不会千人一面。江河也各有其貌，不会千水一形。

"黄三角"的面貌自然不一样。

由于地域不同，"长三角"是那种暮春三月，江南草长，杂花生树，群莺乱飞，到处小桥流水，秀丽的南方水乡风光。"珠三角"是那种土地分寸必争，耕耘极其精致，营造出特殊的基塘农业，以及庭园依水木棉红，桄榔椰叶暗蛮溪的景色。

来到"黄三角"放眼一看，一片广阔的平原上，完全是旱地农业，显示出一派粗犷的北方风貌。

别以为粗犷就是粗放、荒芜的代名词。这儿也是我国一个重要的粮仓。

除了以小麦为代表的粮食作物，还有著名的沾化冬枣、惠民西瓜等人们喜爱的农副产品。

这里有大片水汪汪的湿地，几乎占整个三角洲的一半以上。一望无边的芦苇荡随着季节变化色彩，迎风摇曳发出音乐般的沙沙声响，是诗、是画，也像一支特殊的交响曲。虽然“长三角”“珠三角”也有许多湿地，可是“黄三角”湿地这样的特殊景色是罕见的。

这儿是东北亚候鸟南来北往的通道。一群群鹤呀、鹳呀、鸥呀、鹭呀，以及嘎嘎叫鸣的野鸭、雪白的天鹅，成群结队飞过渤海来到这儿歇息。这里成为飞鸟最好的乐园，也被定为国家级的自然保护区。

顺着黄河一条条岔流，朝向海滨走去，远远望见一座座雪白的小山丘，一汪汪四四方方的宽阔水池。

这是什么？

这是盐碱地上堆积起来的盐丘，养殖水产的特殊“虾田”和“盐田”呀！

继续往前走，一口气走到海滨，景色又变了。放眼一看，到处都是软软的泥地。

原来这是黄河带来的淤泥，形成的一片片特殊的烂泥滩涂。仔细看，地面好像蜂窝，布满了大大小小的孔洞。这儿当然没有成群的蜜蜂，不是真正的蜂窝，原来是许许多多小螃蟹藏身的洞穴呀！光着脚板啪嗒啪嗒在泥地上跑来跑去捉螃蟹，真是再好也没有了。

“黄三角”的海岸线这样长，有北戴河那样的海滨浴场吗？

不，这儿找不着这种休闲的浴场。说来也简单，因为强弩之末的黄河，在这儿最后堆积的统统是淤泥，所以就没有雪白的沙滩，当然也找不到一个海滨浴场啰！

这里还有稀奇的景象呢！

抬头看，远处一排排高大的身影，好像巨人，伸出四根手臂，缓缓转动着，似乎在耀武扬威表演着武术。

胆小的孩子问，真是巨人吗？

当然不是的。原来这是特殊的风力发电站，迎着吹拂不断的海风，日夜不停发电呢！

再一看，还有一些同样高大，却动也不动的铁架子。

好奇的孩子问，这又是什么东西？

这是寻找地下石油的钻井架呀！

“黄三角”的经济面貌，也和“长三角”“珠三角”不一样。

这里依靠的不是常规的机械工业、加工工业，以及别的工农业部门，支撑当地经济蓬勃发展。这儿主要的经济基础是工业的血液，就是“液体黄金”石油呀！

感谢那些“建设时期的游击队”，忠诚勇敢的地质队员们。从20世纪50年代中期开始，一支支石油地质队进入这个地区，踏着黄河尾闾的泥沙，到处寻找地下资源的信息，终于在黄河三角洲和附近的海上，发现了蕴藏丰富的石油、天然气资源。

一个特大油田出现了。这个从“黄三角”地下冒出来的大油田，就是鼎鼎大名的胜利油田。这个油区的心脏，是从前默默无闻的东营村，如今已经发展成为新型的石油城市——东营市。

**小知识·三角洲形成的秘密**

为什么河流入海的地方，常常形成三角洲？这和河流的本性有关系。

河流流到河口附近，由于地势低平，水流缓和，流速越来越小。河流不能继续搬运泥沙，泥沙就会堆积下来，逐渐淤塞河道，迫使河流改道了。

黄河含沙量本来就很大，淤塞改道更加频繁，平均每10年左右就会发生一次改道。这样一次次改道，就生成了许多岔流。岔流从三角洲顶点向左右伸展，慢慢生成了今天我们看见的三角洲。三角洲不断发展，还会逐渐向大海推进，不断扩大陆地的范围呢。

碧海蓝天，秀美的黄海风光。（视觉中国供稿）

黄海之为海，早已深深融入古人之心。

子曰："道不行，乘桴浮于海。"

孔老夫子说的那是什么海？

这明明确确说的是，山东半岛东边的黄海。

《庄子·逍遥游》说："北冥有鱼，其名曰鲲。鲲之大，不知其几千里也；化而为鸟，其名为鹏。鹏之背，不知其几千里也……"

这里的"冥"就是"溟"，都是大海的意思。

这位神秘的庄老夫子，笔下的巨鲲潜游于何处海底？大鹏高飞在什么海上？

那也就是最接近齐鲁文教之邦和古老中原大地的黄海。

孔老夫子一个"海"字，庄老夫子一个"冥"字，说的都是山东之东的黄海。试问天下许多海，哪一个有这么牛气？

这么牛气的海，当然要好好赞几句。

探索一个海的精髓，不能只是海水加鱼虾，还要联系相关的历史文化，才能显示出它与众不同的特点，和所属民族的血缘亲情。

黄海不是平凡的海，是从夏商周远古传来的"东夷海"，春秋战国时期的"齐鲁海"，一步步演化为民族融合象征的"华夏海"，是记录了中华民族五千年历程的"历史海""文化海"呀！

黄海，我了解你。

黄海，我崇拜你。

黄海，我为你唱一支深情的赞歌。

黄河黄、黄海黄，是你把我染黄，还是我硬把你拉扯上？
这事可得好好访一访。

# 黄河和黄海

黄海，一听这个名字，就会让人产生一个错觉，使人觉得它的海水是黄的，好像一碗黄泥汤。

黄海，一个名不副实的名字。

说名不副实，也许用词有些不恰当。换一个词儿，说这个名字有些言过其实，就比较确切了。

为什么这样说？因为它并不是到处一派黄汤汤，而是远远近近有很大的变化。再说了，世界上哪一条大河入海的地方，不带来泥沙把海水染黄？要说黄不黄，只不过程度和范围有些差别而已。

是呀，人们认为黄海黄，也许是一个误会。这个误会一代代流传下来，一些人有了根深蒂固的印象，认定它是一个“很黄”的海了。

真是这样吗？那才不见得呢。

请注意，说起这件事不能眉毛胡子一把抓，要分清情况。前面说过了，黄海和别的海洋一样，只是在靠近大陆的岸边，特别是有一些大河入海的地方，水色才会发黄。距离陆地很远的海面，依旧是一派蓝幽幽，算得上是真

**你知道吗·废黄河口水位**

我们说一个地方有多高，常常用到海拔这个名词。什么是海拔？就是从海面算起的高度。可是海面不是陆地表面，总在不停波动，这就要取一个多年的平均水位了。现在我们把青岛附近的多年平均水位，作为计算海拔高度的起始平面。人们还曾经使用1912年11月11日下午5时，废黄河口的潮水水位作为起算高度，叫作“废黄河口零点”。

黄海好风光。（张奋泉 /FOTOE）

正的蓝海，显示出大海的本来面貌。

说起黄海，人们不由得联想起黄河。

黄河好像画家手里一支蘸满了黄色颜料的大笔，点染在哪儿，哪儿就会被涂抹成一片黄色。黄海之黄，与黄河脱不了干系。

话说到这里，没准有人会说了。嘻嘻，打开地图看看吧。黄河入海口在渤海边，和黄海没有关系，怎么把它和黄海拉扯在一起了？

你这样说，我也想提醒你。别忘记了，黄河这个孩子，不像长江、珠江那么老老实实，它老是在下游平原上摆来摆去，一会儿这里决口，一会儿那里决口。甭提史前时期了，就是在古代历史上它也曾经很多次改道。南宋时期由于南宋和北方的金国战争不休，谁也顾不上正处在双方“火线”上的黄河，只是打来打去，谁也不认真治理它。所以在南宋光宗绍熙五年（公元 1194 年），这里发生了一次黄河夺淮入海的事件。滔滔黄河闯进淮河的河道，好像一头野牛冲进了羊群，淮河水势增强，洪水翻翻滚滚，势不可当。随着黄河水的加入，淮河增添了大量泥沙，简直变成一河黄泥浆了。

这一次黄河改道，河水在苏北废黄河口流进黄海，直到清末咸丰五年（公元 1855 年），才重新改在今天的位置流进渤海。中间经过了宋、元、明、清四个朝代，前后整整六个半世纪还多呢。

想一想，在这么漫长的时间里，黄河给黄海带来了多少泥沙？冥冥中一位神秘画师，拿起这支黄色的画笔，把黄海涂抹成了什么模样？

黄的，当然是黄的。俗话说，近墨者黑，近朱者赤。千百年受黄河沾染的黄海，不是黄色才奇怪了。

哦，黄海这个名字，没准就是在这次黄河夺淮入海的时候，就这样来的吧？

除了黄河带来大量泥沙，淮河、鸭绿江和朝鲜半岛的大同江、汉江也带来不少泥沙。黄海这么黄，也不能全算在黄河的账上。

黄海位于中国大陆和朝鲜半岛之间，西北以辽东半岛的老铁山角和山东半岛北端的蓬莱角的连线为界线与渤海分开，南面以长江口北岸的启东嘴和韩国济州岛西南角的连线为界线与东海分开。

山东半岛的成山角到东边朝鲜半岛的长山串之间的黄海海面最窄，习惯上以此连线，把黄海分为北黄海和南黄海两个部分。

黄海是西太平洋一个半封闭的边缘海，总面积大约 38 万平方千米。其中，南黄海比北黄海大得多，面积差不多是后者的 4 倍。

黄海的西侧，中国大陆这一边，北黄海的海岸基本上就是辽东半岛和山东半岛的一部分，统统是岩石海岸。南黄海的海岸则可以分为两种不同的类型：连云港以北的山东半岛部分，也都是岩石海岸，生成了包括青岛在内的许多良港；连云港以南的苏北海岸就不一样了，这儿是古黄河三角洲入海的地方，加上长江三角洲的影响，水下泥沙很多，面积也很大，都是淤泥质海岸。这些地区在潮流冲刷影响下，生成许多潮沟和一条条水上沙洲和浅滩，形成了自身的特点。

黄海坐落在来自中国大陆的大陆架上，海底微微向东倾斜。海水不是太深，平均深度只有 44 米。北黄海最深的地方有 86 米，南黄海最深的地方有 140 米。

我们在前面说过，用小区的楼房高度作为海深的比喻。如果渤海深度相当于六七层楼房的高度，那么十五六层楼房的高度，就是黄海的平均深度了。我们生活在大城市的许许多多小区里，抬头望一望这些楼房的屋顶，就能体会小鱼儿和海龙王，在海底抬头望海面的心情啦！

哈哈！哈哈！哈哈哈！

## 名词解释 · 四海

“四海”这个词很早就有。中国最古老的地理著作《禹贡》里，就明明白白说了一句话：“四海会同。”说的是中国四周的海疆。不过这只是泛指的，并没有明确的规定。后来的《礼记》中，进一步提出了东海、西海、南海、北海的观念。其中的东、南两海，可以确切肯定。前者包括今天的黄海和东海，后者就是今天的南海。

有人说北海是渤海，也有人说北海是苏武牧羊的贝加尔湖。《苏武牧羊》这首歌里，不是一开始就唱“苏武牧羊北海边，雪地又冰天，留胡十九年”吗？

中国西边没有大海，西海就有很多说法了。

《史记 · 大宛列传》说：“于窴之西，则水皆西流，注西海。”这里所说的“西海”，不是遥远的咸海，就是里海。

《汉书 · 西域传》说：“行可百余日，乃至条支。国临西海。”这个西海就是指波斯湾、红海和阿拉伯海。

《通典》引用另一本古书说：“拂菻国西枕西海。”这个西海，说的就是今天的地中海。

以上这些说法，西海都不在中国境内。古时中国境内的西海，也有许多说法，包括新疆的博斯腾湖、青海的青海湖、内蒙古西部的居延海等。西汉平帝元始四年( 公元 4 年 )，今天的青海还曾经设置过西海郡呢。

海茫茫、事茫茫，远古可曾浮泛海上？
有文物、有记载，这事清清楚楚，一点也不渺茫。

# 夏商周时代的航海

自古以来，咱们中国就是海洋国家，有丰富航海经验的民族。

道理非常简单，咱们有那么漫长的海岸线，那么多的岛屿。咱们中国很早很早就有了海事活动、海权的主张，难道不是海洋国家吗？

这个“古”，从什么时候开始？

请考古学家回答吧！

考古学家报告，他们在北京周口店，旧石器时代的山顶洞人遗址里，发现了钻孔的海生贝壳。这必定是山顶洞人从海边捡回来的，把它们做成一串串贝壳项链，挂在爱美的原始姑娘的脖子上。

距离这儿最近的大海就是渤海，这些贝壳准是从渤海湾捡来的。

那时候，没有动车，也没有高速公路，从山边的周口店到渤海边多么不容易。山顶洞人怎么会知道东方有这个大海，收集许多贝壳回来？他们必定是熟门熟道，不知和大海打过多少次交道，才能找到许多好看的贝壳，做成这些美丽的项链。

旧石器时代就有“涉海”的证据了，新石器时代更不消说。舟山群岛出土的新石器时代的石器，和附近浙江河姆渡遗址的一模一样。台湾许多地方出土的陶器和石器，和山东城子崖遗址的一样。如果不是从海上传过去的，和大陆隔开的那些海岛上怎么可能有这些东西呢？

哦，那就是几千年前的航海呀！

这样说，还有别的证据吗？

还有呢！江苏吴兴钱山漾遗址，出土过一支 4700 多年前的船桨。河姆渡遗址也发现了一支 7000 多年前的船桨。渤海湾里的大长山岛上，一

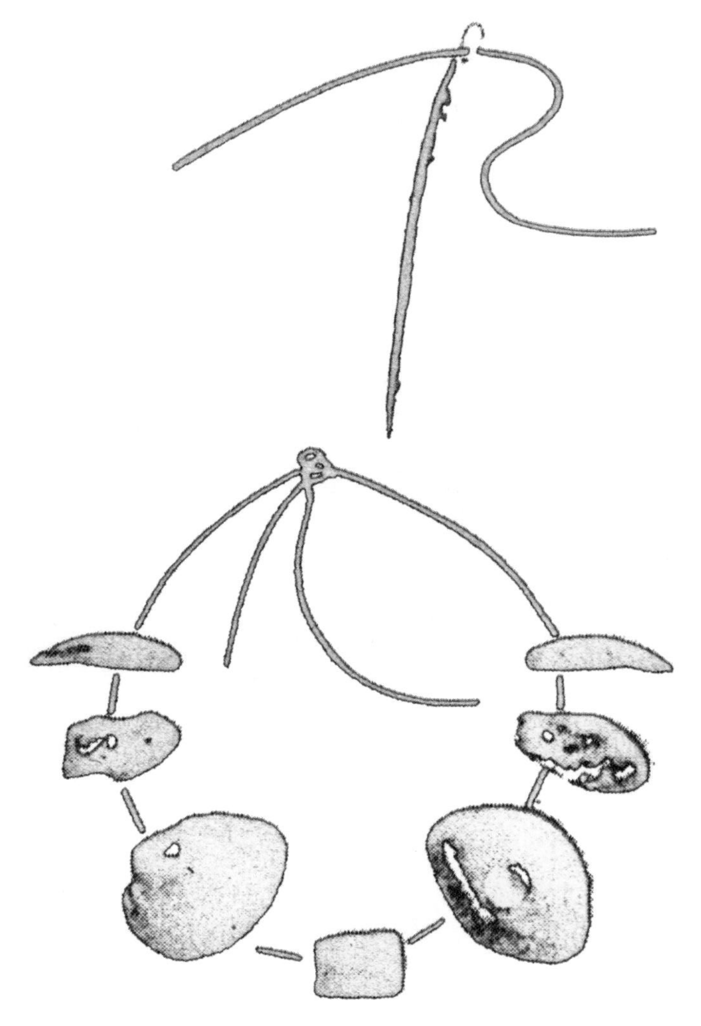
山顶洞人制作精美的骨针和贝壳装饰品。（文化传播 /FOTOE）

个 4000 多年前的遗址里，发现了船桨和一个残缺不全的船尾巴。大连长海县的广鹿岛和旅顺郭家村新石器时代遗址里，都发现过一种特殊的船形陶器，透露了那时候海上已经有船的存在。所有这一切，都清清楚楚表明，早在几千年前，咱们的老祖宗就开始航海活动了。

是呀！是呀！靠山吃山，靠海吃海。生活在海边，怎么可能不出海？

这个“古”，从什么时候开始？

再请历史学家回答吧！

历史学家报告，这样的材料可多啦！不信，翻开古书看一看就明白了。

据《竹书纪年》记载，夏代的帝芒曾经“东狩于海，获大鱼”。

请问，这是什么大鱼？

小鱼小虾必定不会这么一本正经地出现在书上，这条大鱼必定是很大很大的。

北长山岛灯塔。长山列岛位于渤海、黄海交汇处，山东半岛和辽东半岛之间。（张奋泉/FOTOE）

是鲸鱼吗？

是鲨鱼吗？

北方的海上不会有鲨鱼，很可能就是一条大鲸鱼。

老祖宗没有写清楚，谁知道呢。当时的生物学知识还不发达，能留下这一笔资料就很不错了。老祖宗这样写，也不能怨他们。

换一个角度想一想，他们能够出海抓住一条特大的鱼，就很不简单了。你说是不是？

再说呢，这样大的鱼会是在什么地方抓住的？

紧紧挨着岸边的海域吗？似乎不太可能。

会不会在离海岸很远的地方？如果是这样，咱们老祖宗的航海水平就非常了不起啦！

远古时期，涉海的事例还多呢！

《左传》记载，夏代有一个叫“浇”的驾船好手。《论语》里也说过“羿善射，浇荡舟”。可见孔老夫子也知道这个人，毫无疑问是真的。

夏代这样，商代呢？

请看当时的甲骨文吧，就有“舟”这个字。《殷墟卜辞》中，有商王用船追捕大批逃亡奴隶的事件；还有帝辛讨伐人方的时候，派遣3000多人，两次渡过淮河以后，再顺着海岸前进的记载。

考古学家在殷墟遗址里发现了鲸骨，补充报告说：“发现于小屯村的殷人，能……捕东海之鲸。”帝芒捕东鲸的事，终于找到了物证。这岂不是反证了夏代帝芒所抓住的大鱼，很可能也就是同样的鲸？古代中国的捕鲸活动，必定就开始于这个时代。我们这样推理，有没有根据？

说完夏商，再说周朝吧！

呵呵，夏商都有这样的水平了，周朝还消多说吗？那时候，北方的齐、鲁，南方的吴、越，航海水平都已经非常高了。山东半岛最东端的莱夷，早就有“通工商之业，便鱼盐之利”，可以算是不折不扣的海上民族。吴、越更不消说了，西周刚刚开始不久的周成王时代，就有“于越献舟”的事情。

《慎子·逸文》中说了一段话：“行海者，坐而至越，有舟也。”

请注意分析这句话。它清清楚楚说明，因为当时有海船，人们就能轻轻松松坐船到南方的越国去。这表示3000年前，我国就有了沿海航行。

《礼记·月令》中记载：“命舟牧覆舟。五覆五反，乃告舟备具于天子焉。”

在这句话里，“覆”是检查的意思，舟牧就是管理船只的官员。

瞧吧，经过管理船只的官员五次反复检查，船只才能出海航行。可见当时人们对航海很重视，质检制度非常严格，已经形成了一整套完善的制度。这证明当时的航海活动非常正规，非常频繁。要不，设置这样的官员做什么？

这时候航海活动发达，还可以用一件事证明。

《左传》说了一件事：“陈辕涛涂谓郑申侯曰：‘师出于陈、郑之间，国必甚病。若出于东方，观兵于东夷，循海而归，其可也。’申侯曰：‘善。’涛涂以告，齐侯许之。”

请注意其中“观兵”两个字，似乎当时东夷已经有了海军。

再看“循海而归”这句话，表明春秋时期早就有了沿海航线。当时山东等地方由齐国控制,所以有了这个想法,还必须齐国国王点头。注意“齐侯许之”中的一个“许”字，好像现在人们到别的国家去，必须办签证一样。这不是已经有非常明确的海权意识和制度,还会是什么？大海没有边，谁都可以走，为什么还要别人允许？岂不清楚表明那时已经有了领海的观念？

关于有没有海军这回事，到了战国时期就非常清楚了。

请看《左传》里另外一段话：“襄公二十四年，夏，楚子为舟师以伐吴。”这说的是鲁襄王二十四年（公元前 549 年），楚国就有了“舟师”。

如果说这是内河舰队，还不能算是真正的海军，那么另一本《越绝书》记载：“楼船卒二千人。”越国在海边，早就有频繁的海上活动。这些巨大的楼船和 2000 名水兵，总该是海军了吧？

《越绝书》还有一段话，形容他们：“水行而山处，以船为车，以楫为马。往若飘然，去则难从。”越人习惯了水上生活，航行自然非常发达了。

《越绝书》上又有一段话：“勾践伐吴……起观台，周七里，以望东海。”这里讲的“观台”就是一个望海台，面积这么大，可见越王勾践的海权雄心也很大。

越国这样，紧紧靠在旁边的吴国也一样。吴国是一个“不能一日而废舟楫之用”的沿海国家，早在公元前 6 世纪，就能制造各种各样的船只。其中包括十几丈长，可以装载 90 多个战士的战舰“大翼”。

《左传》还记载了一件事：“哀公十年（公元前 485 年），齐人弑悼公，赴于师。吴子三日哭于军门之外。徐承帅舟师，将自海入齐，齐人败之，吴师乃还。”这清楚说明了不仅吴国有海军，齐国也有海军，双方发生过一次海战。

够了吗？

这些已经足够说明，咱们的老祖宗早就有海上活动了。几千年前的夏商周时代，人们早就有了明确的海权思想。有了确凿的物证，也有可靠的人证和书证，足以说明咱们中国是古老的航海民族。

嗨嗨嗨，靠山上山，靠海下海。信不信由你，孔夫子居然也说要出海。

若是探听海上好手，古时山东有东莱。

# 孔老夫子出海的愿望

关于咱们中国古代航海的事情，我们前面已经举出了许多确凿的物证和书证。

要证人，还不容易吗？孔老夫子就说过："道不行，乘桴浮于海。"

请你想一想，为什么他这样讲？

这句话是什么意思？就是说"如果我的主张行不通，我就乘筏子到海外去。"明明白白写在记录他的思想言行的集子《论语》里。这句话透露了一个重要消息，那时候至少在山东半岛的鲁国和齐国，早已经有到海外发展的情况了。要不，他怎么会这样说？

孔老夫子的话，一句不知顶别人多少句。他的话当然最最权威，谁敢不相信？

山东半岛好像一只起步迈开的脚，朝向东方跨进了大海，是古代中国北方出海最好的一块跳板。齐国比鲁国强盛，更靠近大海，航海的事就更加普遍了。

请看另外两本古书的记载吧！

齐桓公是春秋五霸中的第一位霸主，也和孔老夫子一样有权威。有一本《国语》里说，他曾经"通齐国之鱼盐于东莱"，这就是另一个"涉海"的事件。

东莱在今天的烟台、威海一带，临近渤海湾，是当时的一个小小的莱子国。《国语》的这句话表明，当时齐国曾经和它交流过一些海产品，发展过海上贸易。

想一想，如果人们不直接下海，怎么可能得到这些东西？东莱和齐国

孔子，中国历史上伟大的思想家和教育家。（张庆民 /FOTOE）

必定都有相当发达的海上活动。不消说，东莱人必定是名副其实的“海上民族”，比齐国更加了解海洋，有更多的海上经历。

另外一本叫《说苑》的书上，有一段更加值得注意的记载。公元前五六世纪之交在位的齐景公，曾经“游于海上而乐之，六月不归”。

嗨，这个国君居然在海上玩得高兴了，6 个月也不回家，实在太逍遥自在了。

想一想，6 个月就是整整半年呀！这位国君能够出海玩这么久，这可比现在的几天、十几天的出境游，以及最最让人羡慕的 81 天环球邮轮旅行，不知要长多少。虽然“游于海上”这句话的意思，并不一定是他从头到尾都待在海上，很可能也会在一些风景美丽的小岛和港口住一阵子，但是长时间出海是不可否认的事实。这个国君真是旅游达人呀，今天许多旅行家也没法和他相比。

再说呢，他在海上待了半年，这是玩乐，还是考察？不管是玩，还是视察，岂不都表示他很强的海权意识吗？

以上这两本书的记载，就是有根据的书证了。

瞧吧，这又是我们的老祖宗曾经“涉海”的一个人证。

物证、书证、人证俱全，那就铁板钉钉了。

不要忘记，永远不要忘记，这里的一页页血泪历史。

不要忘记，永远不要忘记，我们肩头的责任。

# 旅顺的生命旅途

请听，这是一个关于军港的故事。

它坐落在辽东半岛的最南端，东临黄海，西濒渤海。它与对面的山东半岛一起，锁住渤海的进出口，是拱卫首都北京的海上大门。

古时它被人称为狮子口，这个名字可不是随便吹牛的。它的港湾的进口很小,肚皮很大,可以停泊整整一支大舰队,而且舰队能隐藏得严严密密。

这儿周围都是岩石坚硬的小山头，人们可以到处修筑炮台和坚固的地上、地下防御工事，牢牢保卫港口的安全。

这儿的海水在寒冷的冬天也不结冰，整年舰船都可以自由进出，是最理想的北方不冻港。

请问，这说的是谁呀？

这就是旅顺，和大连不能分开的姊妹港。

旅顺啊，旅顺，你的生命之旅是不是真的很顺？

是的，是的。

瞧，早在1600多年前的晋朝，你就被人们叫作马石津。这表示在很早很早的时候，这儿就曾经有人居住，你的命运很顺利，也有了人气。

是呀！如果没有人气，怎么会专门取一个名字？

“津”是什么意思？

那不就是“渡口”吗？

“马”呀“石”的，是什么意思？

那是像“马”的“石头”，还是别的含义，古人没有过多解释。总之一句话，这些背靠着岩石裸露的山丘，甭管像奔马，还是像一匹躺在地上休息的卧马，形态都很好吧。如果请徐悲鸿挥毫描绘几笔，必定是一幅精彩的水墨画。

让我们再进一步追问。这儿面对着大海，没有一条河，那会是什么“渡口”？

这还不明白吗？靠河渡河，靠海渡海。不消说，这就是渡海的港口嘛。

啊，明白了。马石津这个名字表明了，早在遥远的古代，人们就曾经在这儿横渡渤海和黄海。当时这里来往必定十分频繁，才会有这么一个渡口。马石津的名字，就是咱们这两个领海早就有频繁往来的最好的证据！

翻开这儿的历史，再一步步阅读下去，又出现了一个个值得好好玩味的名字。

唐朝的时候，这儿被叫作都里镇。虽然我们还不太明白“都里”是什么意思，可是有“都”也有“里”，这里必定人口兴旺，非常热闹吧？再加一个“镇”字，就说明这里的规模仅次于一个县城，是不大也不小的行政单位。

从“津”到“镇”，就是从普普通通的渡口，发展为市镇的一部历史，岂不也透露了一些它的历史发展过程？

再沿着历史的脉络，接着往下看。到了元朝，这里被改名为狮子口。

好一个狮子口！十分形象地描绘出它的地理形态，活像一个威风凛凛的狮子张大嘴巴，谁也不敢冒犯。这不就是它的地理形态和军事地位，最好的写照吗？

话说到这儿，性急的人没准就会追问。得啦，别绕着圈子说那些陈年往事了。请开门见山说清楚，旅顺这个名字到底是怎么来的吧！

旅顺这个名字是明太祖朱元璋在位的时候取的。洪武四年（公元1371年），为了驱逐盘踞在辽东地方的元朝残余势力，他就派兵从水陆两路发动进攻，命令一个叫马云，另一个叫叶旺的将军，从山东出发跨海东征。他们在这里登陆后，镇守辽东和这个重要的港口。因为一路上风平浪静，航行非常顺利，于是人们就取“旅途平顺”的意思，把这里改名为旅顺口。旅顺这个名字就这样保留下来了。

旅顺口炮台旧址。（陈占五 /FOTOE）

旅顺口地理位置非常重要，是保卫北京的第一道海上门户，也是东北三省的南大门。清朝光绪六年（公元 1880 年），李鸿章在这里建立军港，修筑炮台和船坞。旅顺成为保卫中国北方海疆的重要军事要塞，也是北洋水师的一个主要基地。

马石津、都里镇、狮子口、旅顺口，这一连串的名字，表明了它往昔的生命之旅，真的很顺很顺。

是呀！在祖国的怀抱里，怎么能不事事如意，一切顺利呢？

旅顺啊，旅顺，你的生命之旅是不是真的很顺？

唉、唉、唉……

不、不、不……

往后它的历史并不平坦，充满了鲜血和眼泪，旅途也一点不顺利了。

那是帝国主义伸出的魔爪，带来的不幸历史。

不要忘记！永远也不要忘记！

日本在 1894 年 11 月 21 日，攻陷了旅顺，在城内进行了四天三夜的抢劫、强奸和大屠杀。全城 2 万多和平居民统统被杀光，只剩下 36 个埋尸的“夫子”幸免于难。死难同胞被埋葬在白玉山东麓的万人坑里，今天这里被叫作“万忠墓”。

孩子们，你们知道南京大屠杀，可别忘记了这个同样恐怖的旅顺大屠杀。牢牢记住这一笔笔血债，千万不要忘记了。

## 难忘的国耻·旅顺大屠杀

请看英国人写的战争回忆录，《在龙旗下》中的几段记载吧。

“日本兵追逐逃难的百姓，用枪杆和刺刀对付所有的人；对跌倒的人更是凶狠地乱刺。在街上行走，脚下到处可踩着死尸。”

“天黑了，屠杀还在继续进行着。枪声、呼喊声、尖叫声和呻吟声，到处回荡。街道上呈现出一幅可怕的景象。地上浸透了血水，遍地躺卧着肢体残缺的尸体。有些小胡同，简直被死尸堵住了。”

“日军用刺刀穿透妇女的胸膛，将不满两岁的幼儿串起来，故意举向高高的空中让人观看。”

再看美国《纽约世界》记者克里曼的描述，这些“野兽”是怎么残杀中国人的。

“我见一人跪在日本兵面前磕头求饶。这个日本兵一只手用刺刀插进他的脑袋，紧紧贴在地上，另一只手就拔刀砍断了他的脖子。”

“将尸首剖腹，刳出其心。”

“我经过一条条街道，到处都看见残缺不全的尸体，好像被野兽啃了似的。被杀的店铺生意人，堆积叠在道旁。眼中之泪，伤痕之血，都已冰结成块。一些有灵性的狗，看见僵硬的主人尸体，也不禁在旁边悲伤叫鸣，其惨状可想而知。”

再看另一段记载，当时的日本司令官是谁？他正在做什么？

“日本第二军司令官大山岩大将在阅兵场主持祝捷会，一面命军乐队奏日本国歌《君之代》，一面听外面杀戮平民的枪声。”

不要忘记这场丧失人性的大屠杀的元凶——大山岩。我们不能让这个刽子手，从历史的夹缝里轻轻溜掉了。

旅顺的血泪和耻辱，这就完了吗？

不，还没有完呢。

1898 年 3 月 27 日，沙皇俄国说什么“干涉还辽”有功，强迫清朝政府签订了一个《旅大租地条约》，强行租借旅顺口军港和大连湾商港 25 年。沙皇俄国心里还不满足，又在当年 5 月 7 日，再次强迫清政府签订了一个《旅大租地续约》，让自己得到更多的利益。

俄国霸占了旅顺口，日本不甘心。1904 年 2 月 8 日，日本挑起发动了日俄战争，经过一场激烈战斗，重新占领了这个重要的军港。

1945 年，第二次世界大战结束后，苏联、美国和英国，背着中国擅自签订了一个《雅尔塔协定》，把旅顺港划归苏联占用。苏联利用这个优良的不冻港，驻扎自己的远东舰队。

请看看军港里一些防御工事，到处涂写的是外国字，还有关押中国人民的日本和俄国监狱旧址。这些都是强权的罪证，不能洗刷的耻辱。就让这些东西永远保留在这儿吧，这样才会时时刻刻提醒我们，不能忘记过去的那一页页悲惨的历史。

记住！千万要记住！

往昔的历史不会重演。旅顺经过了重重风波，终于迎来了灿烂的曙光。咱们最最亲爱的旅顺，真的很顺很顺了。

旅顺啊，旅顺，你的生命之旅是不是真的很顺？

是啊！是啊！让我们尽情欢呼吧！

新中国成立后，为了维护祖国的主权，1955 年，在毛泽东、周恩来等领导人亲自关怀下，旅顺终于回到了久违的祖国母亲的怀抱。

军港里停泊着中国海军的舰队，飘扬着鲜艳的五星红旗。忠诚的战士日日夜夜守卫在这里，谁也不敢再侵犯它，再也不会发生往昔的惨剧。

好呀！中国人民的旅顺港，和邻近的大连一起，好像两朵不能分开的姊妹花。两座城市一天天欣欣向荣，生活越来越幸福，建设得越来越美丽。

孩子们，到这儿来看看吧！重温过去的历史，感受新中国的幸福。不忘国耻，奋发图强，做一个有理想、有志气的爱国孩子。

热情奔放的海港，朋友来自四面八方。走进欢乐的广场，歌声高亢悠扬。
大连欢迎你，友谊地久天长。驶出宽阔的海湾，开始万里远航。
大连送别你，情意绵绵切勿忘。

# 北黄海明珠——大连

人们提到旅顺，就会想起大连，走遍四面八方，没有比大连和旅顺关系更密切的两个城市了。人们说，这是渤海口、黄海畔的一对姊妹花，一点也不错。

请问，这两姊妹中，谁是姐姐，谁是妹妹？

大连在人们的印象里，名气大得多。没准人们都会猜大连是姐姐，旅顺是妹妹吧！

不，错啦！名气不管用，得看出生卡，即使是孪生姊妹，也要看看谁先落地才成。不能看谁几斤几两，谁的个儿大一些。

我们已经说过，早在晋朝的时候，旅顺就是一个渡海的渡口了。那时候大连只有一个小不点儿的名字，叫作三山，唐朝时被叫作三山浦，明朝、清朝时被叫作三山海口、青泥洼口。今天大连的市中心，还有一个非常热闹的地方，就叫作青泥洼桥，这就是当时历史的遗迹。直到清朝光绪年间，清朝政府才在这里修建炮台派兵驻守，这里才逐渐发展成为一个小镇。以“出生年月”来计算，大连比旅顺晚了1000多年，该是旅顺的小妹妹了。

大连出生晚，发展快，妹妹远远超过了姐姐。这在人世间本来就是很平常的事情，姊妹城市也一样。

为什么大连发展快？这和它的特性有关系。旅顺是军港，大连是商港。一个“武”，一个“文”；一个“严肃”，一个“开放”，当然不一样。这两座城市就像性格不同的两姐妹，大连外向的性格比旅顺内向的性格阳光得多，对外的知名度当然也就大得多啦！

大连的城市标志，星海广场上的百年城雕和汉白玉华表。（章力 /FOTOE）

一句话，大连很好玩，人人都喜欢。

人们到大连，玩什么？

这儿是海滨城市，看海呀！人们来到海边不泡泡海水，简直就是白来了。

去看看星海广场吧！

宽阔的广场中央平铺着巨大的黄色五角星图案，四周矗立着一根根宏伟的汉白玉华表，几乎有六七层楼房高。凭着它们的个儿，全国就找不到更高的了。汉白玉华表配上绿茵茵的草坪和周围的音乐喷泉，使人们的胸襟一下子就开阔起来，感染到一种说不出的豪迈气派。再看看一百双脚印，

## 小小科学家的话·黑石礁的秘密

为什么这儿的石头是黑的？原本就是这个颜色吗？

火山喷发的玄武岩是黑色的。这儿是不是曾经有过火山活动，才留下这么多的黑石头？

不，好奇的孩子敲开一块石头一看，想不到里面竟是灰色的。地质学家说，这是石灰岩呀！这里压根就没有发生过火山喷发的事件。不信，仔细看看这些奇形怪状的礁石，这是特殊的喀斯特地貌呢！

深灰色的石灰岩怎么会变成黑黝黝的？是不是被火烧焦的？

哈哈！哈哈！大海里怎么会发生火灾？别闭着眼睛瞎猜了。

这也不是，那也不是，到底是什么原因？

生物学家说，这是海藻造成的呀！这里的海藻非常丰富，死后贴附在礁石上，一层层累积下来，石头就变成“黑石头”了。

加上一本翻开的书，组合成的百年城雕，眺望远处的大海和灯塔，想象这儿一步一个脚印走过来的百年历史，你会对这个海滨城市有更多的感受。你会情不自禁地说，这儿是大连的象征，一点也不错。

大连不止这一个广场，全市还有好几十个大大小小的广场。每个广场各有各的特点，人们在这儿仅仅看广场就看不完。

去看看老虎滩海洋公园吧！

去看看黑石礁和金石滩的海滩奇石吧！

去黄金海岸的金沙滩、银沙滩泡泡海水吧！

去獐子岛、棒槌岛和别的一些小岛，寻找海岛的特殊趣味吧！

开放的大连，好像性格开放的姑娘。人们说，穿在大连，大连人什么都敢穿，这可真是说对了。爱美是大连姑娘天生的性格，让人眼花缭乱的服装换也换不完。每年大连的服装节，也是这个开放的海滨城市一张诱人的名片。

热情奔放的大连，引来四面八方的朋友，大家聚集在一起高高兴兴喝啤酒吧！每年大连的啤酒节，也是它的一张名片呀！

大连人性格开放，喜欢体育。这里曾经涌现出为国争光的长跑“马家军”，也书写过中国足球的辉煌。

大连不仅好玩，也是北方数一数二的海港，一条条航线通往五洋四海，一艘艘巨轮日日夜夜川流不息。

呵呵呵，这还不够吗？所有这一切都表明了大连这个“妹妹”，比旅顺“姐姐”开放得多。“妹妹”的名声胜过了“姐姐”，还有什么好说的吗？

### 地名库·大连

大连这个名字听着挺顺耳的。其实，这并不是咱们自己取的，其中还有一段屈辱的历史。它还不如青泥洼桥，这个土得掉渣的名字亲切呢！大连这个名字，是一个俄文名字。

1894年，中日甲午战争后，日本逼迫清朝政府签订了包括割让辽东半岛在内的《马关条约》。俄国一下子坐不住了，因为这里是它早就垂涎的地方，怎么能落进日本人的手里呢？于是它就联合了德国和法国，出面干涉日本，要求日本放弃对辽东半岛的永久占领。日本没法和它们对抗，只好勉强答应，却要清朝政府缴付5000万两白银的“赎辽费”。清政府经过一番讨价还价，好不容易日本才同意3000万两了事。俄、德、法三国转过身子就索要报酬。德国、法国如愿以偿将各自的势力伸展到中国。俄国则立刻动手“租借”了旅顺口和大连湾，把它们弄进自己的荷包。俄国给大连取名为“达里尼”。它的意思是远离圣彼得堡和莫斯科的“遥远的城市”，音译为中文，就成为今天我们熟悉的大连这个名字。

波粼粼、浪汹汹，八仙过海，各显神通。
渡过汪洋大海，留下神奇故事千古传颂。

# 八仙过海的故事

这是一个神话故事，自古以来到处流传。

传说，古时候有铁拐李、汉钟离、张果老、韩湘子、吕洞宾、曹国舅、蓝采和、何仙姑八位神通广大的神仙，个个有了不起的本领。

有一次，他们参加完王母娘娘的蟠桃会，驾着一朵朵云彩往回飞。他们经过波涛滚滚的大海边，低头看，对面就是蓬莱阁，都想去玩一下。

吕洞宾说："咱们从天上驾云过去有什么意思？不如各自想办法漂过大海，显示出仙家真正的本领，那才带劲呢！"

大家一听，都拍手叫好，纷纷按下云头，各自把手中的宝物抛下海，作为自己渡海的工具。

铁拐李把手中的龙头拐杖抛下海，稳稳站在拐杖上面不动。汉钟离抛下手里的芭蕉扇，转眼它就变得有蒲席那么大，醉眼惺忪跳上去。韩湘子坐在花篮上。蓝采和用拍板。曹国舅用玉版。吕洞宾用一根箫。何仙姑坐在一朵荷花上，活像美丽的荷花仙子。张果老不慌不忙，从怀里掏出一张纸，折叠成一个纸驴，悠悠闲闲骑在驴背上，好像过平地似的漂过波涛。

八位神仙各显神通，顺利渡过了波涛汹涌的大海，来到对岸的蓬莱阁。

"八仙过海"的故事是真的吗？

是真的，也不完全是真的。

世界上哪有什么神仙？这个故事肯定不是真的。铁拐李、张果老、吕洞宾等八位神仙，都是人们编造的神话人物。所谓"八仙过海"，不过是人们美好的想象。

不过认真说起来，这个故事也有一些真实的影子。这个神话产生在山

山东蓬莱八仙过海群塑像。（靖艾屏 /FOTOE）

东蓬莱，对面便是长山列岛中的庙岛，古时候它又叫作沙门岛。沙门岛四面波涛汹涌，无路可通。北宋开国后，就在这里建立一个监狱，专门囚禁犯法的军人和其他重要犯人。《水浒传》里的卢俊义被陷害后，狠狠打了一顿板子，就发配到沙门岛服刑了。

沙门岛是军事管制区，所以也叫沙门寨，这里对待犯人特别凶狠。朝廷不管沙门岛关了多少犯人，只提供 300 人的口粮，最多的时候这里却关押了上千人，加上寨主克扣粮食，所以犯人的口粮严重不足。宋神宗时代，有一个叫李庆的寨主，完全没有人性，他干脆把超额的犯人扔进大海，不知弄死了多少人。所以民间流传着一句口头禅："到沙门岛走一遭。"

犯人为了活命，不得不经常跳海逃跑。可是海阔浪高，很少有人达到目的。有一次，好几十个囚犯听说要被处死的消息，趁着月色抱着葫芦、木头跳下海，拼命向对岸的蓬莱游去。绝大部分逃犯都被激浪吞没了，只剩下八个幸运儿，他们好不容易才游到了岸边。人们感到非常惊奇，把他们称作神仙。这件事越传越神，"八仙过海"的故事就这样传出来了。

这不是神仙显灵，是一个光线的游戏。
迷惑了多少人，隔海相望寻寻觅觅。

# 看得见、摸不着的“登州海市”

北宋科学家沈括在《梦溪笔谈》中，有一段《登州海市》的趣闻。他写道：“登州海中，时有云气，如宫室、台观、城堞、人物、车马、冠盖，历历可见，谓之‘海市’。”

瞧，登州远远的海上，人们常常可以看见一些城墙、房屋、车马和人物悬浮在半空中，看得清清楚楚。

登州在哪儿？

噢，这就是从前的登州府，《水浒传》里“病尉迟”孙立镇守的地方。他的弟弟“小尉迟”孙新、弟媳“母大虫”顾大嫂都在这里。这就是今天的山东省蓬莱市。

“登州海市”好像皮影戏，隔着大海在空中浮现，真是神秘极了。

其实，首先记载这个奇观的并不是沈括。早在晋朝，有一个名叫伏琛的人，就在《三齐略记》里记述了这件事：“海上蜃气，时结楼台，名海市。”

苏东坡也写了一首诗，描写道：

东方云海空复空，群仙出没空明中。
欲构孤亭撑绝顶，烟霞深处可能攀。
荡摇浮世生万象，岂有贝阙藏珠宫。
心知所见皆幻影，敢以耳目烦神工。
岁寒水冷天地闭，为我起蛰鞭鱼龙。

青岛海滨风光，美若海市蜃楼。（视觉中国供稿）

重楼翠阜出霜晓，异事惊倒百岁翁。

他心里非常明白，这统统是“幻影”，却实在太奇怪，连见多识广的“百岁翁”也被惊倒了。

请问，这到底是怎么一回事？

古人解释说，这是海上一种“蜃气”生成的。什么是“蜃气”呢？

“蜃”就是一种大蛤蜊。“蜃气”是海上蛟龙或者蛤蜊壳里吐出的一股“仙气”。古人不仅把这种“海市”奇观，甚至把悬挂在空中的彩虹也当作一种“蜃气”，实在太可笑了。

哈哈！笑掉大牙啦！这不是“幻影”，也不是“蜃气”，而是一种特殊的光学现象，叫作海市蜃楼。当光线穿过密度不同的空气层，就会发生折射，造成这样的结果。人们在这里看见悬浮在空中，引得秦始皇也心痒痒的“蓬莱仙岛”，其实就是附近庙岛群岛折射在空中的影子。蓬莱一带，每当春夏之交，平静无风的海面上常常会出现这样的奇景。

科学家告诉我们，除了海上能够形成海市蜃楼，一些宽阔的江河水面、湖面、雪原、沙漠和戈壁，有时也会产生同样的现象。由于折射角度不同，这种现象的位置也不一样，一些影像悬浮在空中，也有一些似乎在地平下面，上下变化无穷呢！

海上仙岛何处寻，渤海湾海岛成群。没有长生不老药，没有神仙府邸。
一串石岛纵断南北，隔开了渤海、黄海，好似过海跳蹬。

# 蓬莱仙岛的传说

不知道从什么时候开始，流传着这样一个神话。

传说渤海上的蓬莱、瀛洲、方壶三座神山，是神仙居住的地方。那儿四季长春，不分冬夏，所有的宫殿都是黄金白银修造的，到处都是奇花异果，四季散发着芳香。生活在那儿的人，统统长生不老。这三座海上神山被统称为蓬莱仙岛，是真正的人间天堂，实实在在的极乐世界。

从庙岛远眺北长山岛。（张奋泉 /FOTOE）

望夫礁，山东省长岛县长山列岛南长山岛。（张奋泉 /FOTOE）

听了这个美丽的神话，人们忍不住都会想：如果能够到那儿去，别说什么长生不老的奢望，就是看一看、逛一逛，也该有多好呀！

这是真的吗？

当然是真的。俗话说，眼见为实，耳听为虚。古往今来许多人都亲眼望见过它们的影子，蓬莱仙岛绝对不是虚无缥缈的海市蜃楼。

蓬莱仙岛在哪儿？

有人说是舟山群岛的岱山，或者海内外其他的地方。

不！这个神话首先是从山东半岛的东头，蓬莱这个地方传出来的，蓬莱仙岛当然就在附近，不会是其他地方了。在这里晴朗无云的时候，人们可以远远望见海上浮现出一个个小岛的影子，那就是传说中的蓬莱仙岛了。再说，蓬莱仙岛的名字里，本来就包含了蓬莱两个字。只消动脑筋想一想，蓬莱仙岛如果不是这儿，还会是别的什么地方呢？

站在蓬莱海边，望见的岛是什么海岛？

当地人告诉好奇的外来游客说："这就是长岛呀！"

长岛不是一个岛，而是一大串大大小小的岛屿，又叫长山列岛、庙岛群岛，古时候又叫作沙门岛。古人早有"曾在蓬壶伴众仙"的诗句，叙述这儿的仙境景象。

长山列岛总共有大大小小 32 座岛屿，从南向北伸展。这些岛屿好像一串美丽的珍珠项链，撒落在渤海湾里。长山列岛紧紧扼住北边辽东半岛、南边山东半岛之间的渤海海峡，隔开了渤海和黄海，是渤海湾天然的大门。

长山列岛自北向南，可分为三个岛群：北岛群有南隍城岛、北隍城岛和大钦岛、小钦岛等，中岛群有砣矶岛、高山岛等，南岛群有南长山岛、北长山岛、大黑山岛、小黑山岛、庙岛等。其中，最大的是南长山岛，紧紧和北长山岛相连，隔海看得清清楚楚。

南长山岛西边的大黑山岛，岛上生活有上万条蝮蛇，号称“中国第二蛇岛”。别的岛屿也有各自的特点，一个个不一样，是罕见的天然海上博物馆。

这个海上群岛还是每年南来北往候鸟歇息的好地方，过路的候鸟和当地的留鸟，加在一起差不多有 200 种，这里是名副其实的飞鸟天堂。这里的海里还生活有鲸鱼、海龟、海狗、海豹等水生动物。

不过，天上飞的鸟儿可要小心呀！一不留神落在大黑山岛，可就要成为毒蛇的美味大餐啦！

传说，当年唐太宗东征高句丽的时候，他驻扎在南长山岛的南城，大将尉迟敬德则驻扎在北长山岛的北城，来往必须乘船过海。有一天，尉迟敬德生病了，海上风浪很大，唐太宗没法过去。唐太宗对着波涛汹涌的大海，长长叹息了一声，悲伤地吟唱道：“恨苍天之寡情，探爱将兮无路。舟兮、舟兮，何以渡？”

海神爷知道了他的愿望，立刻派虾兵蟹将来帮忙，修造了一条长街。说也奇怪，风浪呼啸了一晚上，卷起许多卵石，立刻就筑起了一道海上长街，人可以从上面走过去。于是人们就把它叫作“一宿街”。“一宿”与“玉石”谐音，后来它就被叫作“玉石街”了。

连接南北长山岛的“玉石街”，真是海神爷修筑的吗？当然不是的。这是海流卷起沙石堆积成的天然堤坝，落潮的时候它露在外面，涨潮时被海水淹没。当地人为了两岛之间来往方便，利用这个天然堤修筑起一道连通两岛的道路。这就是“玉石街”的来历。有一本古书《蓬莱地理志》记载:“南北长山相距五里,中通一路,广二十余丈,皆珠矶石,故名玉石街。”就是这么一回事。

1960 年,人们又在原来堤坝的基础上,重修了一条长 1 千米、宽 8 米、高出海面 3 米的拦海大坝。大坝上面还可以开汽车,两岛之间来往就更加方便了。人们还在大坝两边开辟了海带养殖场,增添了它的作用。

“玉石街”的故事就完了吗?还没呢!大坝修建后,人们慢慢发现了一个新问题。因为它完全隔绝了海水,影响了海水交流和鱼群洄游。人们不得不拆了它,重修了一座新的跨海大桥。桥上通汽车,桥下过鱼群,上下互不干扰。这才是对人们、对大海本身都有好处的新一代的“玉石街”。

“玉石街”给我们留下一个教训,人们不能仅仅为了自己的方便,影响了大自然,可要牢牢记住啊!

## 故事会 · 龙伯国巨人钓岛的传说

海里可以钓鱼、钓虾。请问,小岛也能被钓起来吗?

哈哈!这简直就是神话。生根的岛屿不是鱼虾,怎么能够钓上来?

是啊,这就是一个古老的神话。传说渤海以东不知多远的地方,有一个叫归墟的无底深渊。包括银河在内,天地间所有的水流最后都汇集在这里,水上漂浮着岱舆、员峤、方壶、瀛洲、蓬莱五座神山。沉重的岛屿不是浮萍,怎么能漂浮在海上?原来是被五个巨大的鳌鱼驮起来的。

有一天,龙伯国来了一个巨人,他几步就跨过了大海,钓起了驮载海上神山的鳌鱼。于是岱舆、员峤这两座神山漂流到北极沉没了,只剩下方壶、瀛洲、蓬莱三座神山。

天帝没料到会发生了这样的事情,非常生气,于是把这些巨人变矮,不准他们再胡闹了。不过巨人毕竟是巨人,据说到了伏羲、神农氏的时代,龙伯国的人还有几十丈高呢。想一想,当时他们钓岛的时候该有多高呀!

这个故事出自《列子 · 汤问》,咱们老祖宗的想象力真丰富呀!

蓬莱山上有楼阁，不亚千古黄鹤楼。山下水寨藏玄机，数说名将戚继光。

# 蓬莱阁和刀鱼寨水城

蓬莱、蓬莱，从古到今，人人都在说蓬莱。

为什么人人都在说蓬莱？

因为这儿有海上神山的传说呀！

海上雾气迷茫，神山距离很远很远，不是什么时候，谁抬头就能望见的。运气好的人是少部分，运气不好的人是大部分。

汉武帝的运气就不好，大老远驾着马车前来探望海上神山。他伸长了脖子望了又望，连神山的影子也没有瞧见，心里一憋气，干脆就在这儿的海边的山冈上修造一座小城，把它叫作"蓬莱"。这一年是元光二年，也

蓬莱阁全景。（视觉中国供稿）

就是公元前133年。屈指算来已有2000多年的历史了，世界上许多有名的大城市，也不能和它相比呢。

到蓬莱，看什么？

不消说，首先就得碰一下运气，站得高高的，寻找传说中的海上神山。

运气不好怎么办？总不能像汉武帝一样，想修一座城就修一座城呀！

得啦，咱们不是汉武帝，就看看蓬莱阁吧！

蓬莱有一座蓬莱山，蓬莱山上有一个蓬莱阁。人们说，它和黄鹤楼、岳阳楼、滕王阁并称为中国的四大名楼。它有了这个名分，还不能招引四面八方的游客前来瞻仰拜望吗？

是啊！是啊！海上天气不好，望不着虚无缥缈的海上神山，看一看这个实实在在的蓬莱阁也好呀！

其实，蓬莱阁并不是汉武帝时期修建的。汉武帝只是给这儿取了蓬莱这个名字，还没有修这座高高的楼阁。从前这里是登州府官衙所在的地方，到了宋仁宗嘉祐六年（公元1061年），人们才在这座山的山顶修建了这个双层木结构建筑的楼阁。蓬莱阁不仅修建得很好，依山傍海的地形，也是眺望传说中海上神山最好的位置。到这儿来观光的游客，没有不登上这座古代楼阁，碰一碰运气眺望海上神山的。

到蓬莱，看什么？

还得好好看一看蓬莱山下的戚继光水城呀！

蓬莱山又叫丹崖山，高高耸峙在海边，气势非常威严。这里不仅可以眺

**地名库·蓬莱**

蓬莱这个名字是怎么来的?

据说，当年秦始皇到这儿来视察，没有看见海上的神山，只看见水里有一些红色的影子，他就问跟在身边的巫师，那是什么东西。那个巫师一时说不出，突然看见水草随波漂流，灵机一动就用草名回答说："这是蓬莱呀！"蓬莱的名字就这样传开了。

望海上风光，也是海岸防守最理想的处所，自古就是渤海湾口的第一海防要塞。早在北宋仁宗庆历二年（公元1042年），人们就在这里修筑了一座刀鱼寨，设置了刀鱼巡检，停泊特殊的刀鱼战船，防御北方的辽国从海上进攻。虽然我们不知道这种战船是什么模样，但是从刀鱼这个名字，就可以想象出它是一种体形狭窄、船身轻便的快艇。一旦发现敌情，一队队刀鱼战船就蜂拥而出，好像今天的鱼雷快艇，不等敌人到达岸边，就把他们全歼在海上。明朝时，为了加强海防，人们就在原来的刀鱼寨的基础上，修筑了一座更加坚固的水城。水城有水门、防浪堤、平浪台、码头、灯塔、城墙、敌台、炮台、护城河等一系列海港建筑和海防工事，是一个功能齐全的古代水军基地。明朝末年为了防备当时关外最主要的敌人后金（清朝的前身），绕道从海上袭击，人们除了在这里增加防御工事，配备先进的火炮和战船，还布置了一支5万多人的水师陆战队。这支部队进可以攻，退可以守，相当于现代好几个海军陆战师的兵力呢！

蓬莱水城南面宽、北面窄，呈不规则的长方形。水城中间的港湾叫"小海"，好像一个长长的水口袋，是停泊舰队和操练水师的地方。敌人胆敢来到跟前，山上的炮台首先开炮轰击，下面立刻打开水门，放出埋伏的战船，笔直冲上去，必定打得敌人落花流水，不敢再来侵犯。

明朝的抗倭名将戚继光曾在此处训练水军，抗击倭寇。他把这个海防要塞修建得更好，成为铜墙铁壁，使猖狂的倭寇不敢从海上侵犯。至今蓬莱阁东边的崖壁上，还留着一块记述他"阅海操碑记"的石碑，表扬他的功劳，让后人无限景仰。

海上一支“灵芝草”，挡住了怒海波涛。
背后一个港湾，风平浪静真正好！烟台美名传四方，走遍世界也难找。

# 芝罘岛和烟台

烟台，是一个什么台?

烟台、烟台，当然是一个冒烟的台。

什么台会冒烟?

当然不是放油灯的灯台，不是唱戏的舞台，也不是普普通通的农家灶台。

这些台可以冒一些烟，却冒不了一股股引人注意的浓烟黑雾。

得了，别乱猜了。告诉你，这是古时候的烽火台。

唐代大诗人杜甫悲伤吟唱的“烽火连三月，家书抵万金”，李颀在《古从军行》里写的“白日登山望烽火，黄昏饮马傍交河”，其中的“烽火”，就是指在烽火台上燃烧的报警信号。由于荒凉的西北和北方战场缺乏燃料，人们常常用晒干的狼粪代替，所以它又叫作狼烟。什么“狼烟四起”“遍地狼烟”的话，就是说发生了战争，到处都传出警报的意思。

喔，明白了。烟台原来是一个古代的烽火台。明朝洪武三十一年（公元 1398 年），人们为了防备倭寇骚扰，在这里设置了一个奇山防御千户所，还在旁边的芝罘岛上修筑了一个报警的烽火台。烽火台发现敌情后，白天升起黑烟，晚上点燃火焰。后来这儿开港通商后，一天天繁荣起来，人们在芝罘岛背后的岸边建立了一座城市，不知道怎么一回事，就把它叫作烟台，把海边的一座山也叫作烟台山。人们逐渐忘记了对面芝罘岛上原来还有一个古烽火台，那才是真正的烟台。

啊，知道了。这里本来有名气的是响当当的芝罘岛，如今的烟台市是后来发展起来的。所以要说烟台，就得先说芝罘岛。

俯瞰已成为现代化大都市的烟台。（视觉中国供稿）

芝罘岛很奇怪，是岛，也不是岛。

说它是岛，因为它的确是一个怪石嶙峋的小岛，横卧在海岸边，活像一艘停泊在这儿的不沉军舰。

说它不是岛也有道理。因为它和别的岛屿不一样，背后有一条长长的沙堤和海岸连接在一起。它和我们在前面讲过的锦州笔架山一样，也是一个典型的陆系岛。只不过它比笔架山大得多，古时候的名气也大得多。随着潮水涨落，笔架山背后的沙堤有时候会被淹没，笔架山会成为真正的海上孤岛。芝罘岛背后的沙堤却非常宽阔，地势也高些，不管多大的潮水也不能淹没它，完全和陆地连接在一起。人们在堤上修起了房屋，还能通公共汽车呢。

芝罘岛和陆地紧紧连接，好像一个长长的梭镖，东西长约 9.2 千米，南北宽 1.5 千米，整个面积大约 10 平方千米。芝罘岛好像一个巨大的灵芝草，浸泡在黄海的海水里。芝罘岛由于形状特殊，自古以来就受到人们的注意。传说早在春秋时期，齐景公就到这儿来游览过。山顶上还有齐康公的坟墓。后来秦始皇、汉武帝都到过这里，留下许多遗迹和传说。

这个岛是由古老的片麻岩、片岩、石英岩等坚硬的变质岩形成的，有许多怪石和陡峭的崖壁。我们从几百年前奇山防御千户所的名字，就能体会到它的地形特点。

芝罘岛上有一座海拔接近 300 米的山峰，也有 70 多米高的沿岸峭壁，狂风引起的巨浪拍打着耸峙在海上好几层楼高的海蚀柱，发出惊心动魄的声响。

芝罘岛有名，还不仅仅在于它的特殊形状。由于它的屏障作用，尽管岛前面波浪滔天，岛背后却风平浪静，形成了一个天然的海港。古时候许多船只在这儿进进出出，它早就有了名气。

芝罘岛这么有名，烟台是怎么后来居上的?

这和后来人们的开发有关系。19 世纪开港的时候，人们原本定的是名气更大的登州,也就是今天的蓬莱市。后来仔细一看,那里“滩薄水浅”，在古代木帆船时代还可以，要停泊大轮船就不成了。人们看来看去，看中了芝罘岛背后的这个天然港湾，真是再好也没有了。人们借用了芝罘岛上烽火台的名字，把它叫作烟台，烟台就这样一下子冒了出来。

烟台这个名字很好啊！继承往昔光荣传统，提醒人们不要忘记敌人侵犯，时刻提高警惕。

哈哈！哈哈！秦始皇真傻，乖乖放走了徐福，还赔上三千童男童女。
呵呵！呵呵！徐福的胆子真大,竟敢欺骗秦始皇,出走他乡逃得远远的。
哇哇！哇哇！日本人福气真好。徐福带去先进文明,千年百年受用不了。

# 徐福的故事

徐福是谁?

他是 2200 多年前的一个聪明人，胆大心细的探险家。他把秦始皇骗得团团转，带领一帮人冲破秦帝国的樊笼，出海开辟了新的居留地。

哇，这是真的吗？依靠武力统一六国的秦始皇，是人见人怕的头号铁腕君王。谁敢随便欺骗他，不怕掉脑袋吗?

是呀！可以骗猫、骗狗，骗一骗老虎、狮子也成。谁胆敢欺骗秦始皇，岂不是吃了豹子胆，活得不耐烦了?

信不信由你，徐福真的骗了秦始皇，骗得秦始皇老老实实双手送上他要的一切东西，还恭恭敬敬送他出海。最后秦始皇还傻里傻气，眼巴巴盼着他回来报告好消息呢。

请问，这个徐福有什么本领，竟敢戏弄秦始皇，把他骗得这么惨?

最关键的是在于聪明的徐福，一下子抓住了秦始皇的弱点。

秦始皇有什么弱点被他抓住，像一只温驯的小猫，乖乖地听他摆布?

唉唉唉，威风八面的秦始皇，也有不可告人的弱点吗?

有呀！世界上谁没有自己的弱点？这个大独裁者的弱点就是怕死，世界上所有的独裁者都怕死。怕死，就是这个曾经统一六国、焚书坑儒，号称“千古一帝”的秦始皇最大的心病。所以，他听到蓬莱仙岛的神话，就千里迢迢来到这里，盼望得到长生不老药，能够像神仙一样永远不死。

徐福看准了这一点，就大着胆子来到秦始皇面前，一本正经地对他说自己能够找到海上仙岛，带回长生不老药。秦始皇一听，怎能不高兴，立

## 小档案·日本和歌山县的记载

日本和歌山县政府编印的《和歌山史迹名新志》里，清清楚楚记载说："秦徐福墓在新宫町，墓前有一石碑，碑面刻有'秦徐福之墓'五字，相传为李梅溪所书。据传，昔秦始皇帝时，徐福率童男女三千人，携带五谷种和农具，东渡日本，在熊野浦登陆，从事耕作，用以养育童男女。其子孙终成熊野之长，度其安乐之日。"这本书又说："徐福所求不老长生药之地蓬莱山，离此不过三丁。树木苍绿繁茂，形如盆，自成仙境之观。"

请注意，这是日本地方政府正式发布的官方文字，难道还会有假吗？

刻就批准了他的计划，派他出海去寻找仙岛上的神仙，弄到长生不老药。

秦始皇一点头，什么事都好办了。徐福要什么就给什么，只要他能够办好这件事就成。

徐福先出海去兜了一个圈子，回来报告说："我带的礼物太少了，实在也太平常，海上的神仙根本就看不上眼。如果多送一些不平常的礼物，我就能带回长生不老药了。"

秦始皇一听，这还不好办吗？徐福要什么，就给什么得啦！

徐福又说："海上有很多危险，出没无常的大鲛鱼就是很大的威胁，我不敢保证平安带回长生不老药，必须有全副武装的弓箭手保护船队才成。"

秦始皇一听，似乎这话也有道理，眉毛也不皱一下，答应了他的要求。

徐福打算给海上神仙送什么礼物呢？

他说，神仙不稀罕金银珠宝，要三千纯洁的童男童女，还要各种各样的能工巧匠，自带工具和五谷粮食种子。

秦始皇也不想一想，海上神仙要这些"礼物"干什么？大笔一挥就批准了。徐福带着这支队伍浩浩荡荡出发了，一天天过去了，一年年过去了，从此就再也没有回来，他们似乎在海上失踪了。秦始皇眼巴巴盼呀盼，盼不着他的影子，长生不老的幻想完全落了空。

为什么徐福他们没有回来？难道在险恶的风浪里，整个队伍都不幸遇

山东省青岛市琅琊台群雕——秦始皇遣徐福。（姜永良 /FOTOE）

难了？难道神仙留下他们，不放他们回家了？

不，都不是的。只消动脑筋好好想一想就明白了，他们绝对不可能遭遇危险，也不可能留在虚无缥缈的蓬莱仙岛不回家。

这么多的人得乘坐多少只船？一只船遇险沉没了还好说，如果整整一支船队都遭遇了不幸，那就不可理解了。

这是一个出色的出走计划，徐福压根就不知道什么神仙居住的地方，根本就没打算去找什么长生不老药。他只不过利用了秦始皇怕死的心理，

骗取这个暴君的信任，堂而皇之带领一大帮人出海。这只不过是一个设计得十分周密，大胆逃亡的计划而已。

仔细看一看他的队伍就明白了。三千童男童女，加上许多工匠和武士。各行各业生产技术的好手，带着工具和粮食种子，加上有武士保护，就可以在海外开辟生存的基地。前者是未来的一代，也是徐福最最关心的中坚力量。其中有男，也有女，可以不断繁衍后代，一代代长期生存下去。这才是他最向往的事情。

啊！原来这是一支不折不扣的“拓荒队”，比那些划着小小的舢板，趁着月黑风高冒险外逃的偷渡者，不知高明多少。

那时候，被秦始皇武力征服的六国遗民，宁愿死也不甘心做奴隶，纷纷冒险逃亡出海，逃避秦始皇的暴政。可是秦始皇严禁人们出海，要想出去很不容易，就算能够侥幸逃出去，孤单单几个人，也甭想在异乡站住脚跟。徐福看准了这一点，就大胆设计了这个集体出海计划。秦始皇做梦也想不到，居然有人敢蒙蔽他，大摇大摆从自己的眼皮下面走出去。这就是徐福的高明了。

哇，这个徐福真聪明，胆子真大呀！

请问，他带着这一大帮人，究竟到哪儿去了？

起初他们漂流到朝鲜半岛西南部的马韩，后来又在朝鲜半岛东南部，偏僻的辰韩这个地方开发建设，最后辗转渡海到了日本。

这件事有书为证。《后汉书·东夷传·辰韩》最先透露了一些消息。书中说："辰韩，耆老自言秦之亡人，避苦役，适韩国，马韩割东界地与之。其名国为邦，弓为弧，贼为寇，行酒为行觞，相呼为徒，有似秦语，故或名之为秦韩。"另外《魏略》和《三国志》里，也有同样的记述，看来这不是假的。

从上面这段话里我们可以看出，那时候有一大批为了躲避秦始皇暴政的逃亡者，从中国逃跑到朝鲜半岛。当时马韩惹不起他们，干脆划出一块地方，好像"特区"似的让他们开发居住。这些逃亡者的口音特别，是中国的"秦语"，显然都是中国北方人。这个在马韩境内的"中国特区"，就叫作"秦韩"。这些来自中国的逃亡者生产技术非常先进，把这里建设得红红火火，演绎了一段2000多年前的"特区"故事。

这些人是谁？绝对不是零零星星外逃的人，从历史上看，只有徐福的这支"拓荒队"才有这样的声势和力量。这不是他的队伍，还会是谁呢？

他就在这儿扎下根，一直住了下去吗？

不，他住了不久，又逃到日本去了。

道理非常简单，朝鲜半岛和中国山水相连。他骗了秦始皇，可是"欺君大罪"，必定担心大秦帝国的追兵会赶来，不如再跑远些，叫秦始皇想抓也抓不着。

从朝鲜半岛一抬腿就到了日本。徐福到日本是一件大事，日本学术界经过仔细考证，证实了他带去了先进的生产技术，被日本人当成了神。甚至有人说，传说中的日本最古老的神武天皇，就是徐福形象的化身。直到今天，日本一些地方还有徐福墓、徐福祠和别的纪念他的地点呢。

司马炎一统天下，吓跑了汉家皇族的子孙。
他们冒险逃亡到日本，建立了赫赫功勋。

# 逃亡日本的汉献帝的子孙

中国历史上曾经发生过很多次战乱，都造成了社会不稳定。许多受难的老百姓没法活下去，只好向外面逃亡，形成过无数大大小小的难民潮。暴秦统治下的徐福集团就是一个最有名，也最成功的例子。往后的历史进程中，这样的例子还有很多。乱哄哄的三国时代结束后，西晋刚刚建立时，也出现了一次组织严密、规模很大的难民潮。

这次不是徐福那样普通的平头老百姓，而是一个往昔的皇族移民集团。

皇家后裔还需要逃亡吗？

那是肯定的。从前，在朝代更替的时刻，为了自家王朝安危，后朝对前朝的势力下手，往往比对待一般人更加毒辣凶狠，动不动就杀得一个不留。留下来送死，还是冒险逃亡，成为这些人必须认真考虑的一个大问题。

这是一个秘密档案，发生在三

河南焦作，“汉献帝陵”石碑遗址。（裴振喜 /FOTOE）

海上仙山长岛，烟台黄金海岸上的“海上花园”。（视觉中国供稿）

国时代结束后，魏蜀吴三家归晋的时候。主人公是昔日汉朝末代皇帝汉献帝刘协的玄孙阿知，他原本住在今天河南省焦作市以东的山阳邑。当年汉献帝在奸相曹操的夹肢窝里过日子，受尽了侮辱和欺凌，后来被曹丕篡位后，赶到京城以外居住，时时刻刻受监视，日子更加不好过。想不到司马懿的孙子司马炎不久又篡夺了曹家的政权，一统天下建立了西晋王朝。他们比曹家更加凶狠，阿知害怕了，担心清理到自己头上，连忙带领整个家族，连同一些心腹随从，总共 2000 多人，像徐福一样来了一次大逃亡。

他们也是向东出海，一口气跑到了日本。

这件事发生在西晋武帝太康十年（公元289年），距离徐福东渡日本相隔整整500年。他们十分顺利地在日本的九州岛登陆，定居在当时的大和国高市郡桧前村这个地方（今天的奈良县境内）。

这一年是日本应神天皇二十九年，一下子来了一个中国皇族集团，天皇真高兴极了。应神天皇连忙封阿知为“东汉使主”。

请注意，这个封号里有“汉家”的皇室徽记，也有“使者”和“君主”的含义。可见日本天皇对他们非常尊重，这可比留在国内过提心吊胆的日子不知强多少。

为什么日本天皇对他们这样尊重？因为当时日本非常落后，他们带来了先进的生产技术和管理方法，对日本有很大的贡献，一点也不比徐福的作用差半分。阿知的儿子都贺就是最好的例子。他给日本带来了中国的先进纺织技术，使日本人穿上了质量更好的衣服。日本人高兴得要命，立刻就尊称他为都贺王。

到了公元10世纪，朱雀天皇在位的时候，阿知的后裔，也是汉高祖刘邦的第四十五代孙春实将军，帮助日本天皇平定了叛乱，被封为征西将军，受赐锦缎御旗、遮阳蒲团扇等象征高贵地位的用品。天皇又让他统管筑前、丰前、肥前、壹岐、对马五个诸侯国。他得到的恩宠胜过朝内许多贵族和大臣，简直就像从前的汉家大将卫青、霍去病重现在人间了。

阿知的子孙在日本的地位很高，历代天皇都特别赐姓给他们。要知道，古时候的日本只有贵族才有姓氏，普通老百姓是没有姓的。尽管他们从前就姓刘，到了日本也不得不入境随俗，再增添一个日本姓氏。刘这个中国姓氏逐渐发展下去，在日本也就慢慢消失了。

公元 372 年，中国东晋简文帝咸安二年，日本仁德天皇六十年，阿知后代被赐姓为坂上。公元 471 年，中国南朝宋明帝泰始七年，日本雄略天皇十六年，阿知的另一支后代又改赐姓为大藏。

当年那个春实将军的后代，成为九州原田的贵族。到了公元 1131 年，中国南宋高宗绍兴元年，日本崇德天皇天承元年，他们正式以原田为姓，一直流传到今天。

日本人感谢阿知和他的子孙们的巨大贡献，像怀念徐福一样永远纪念他们。人们在九州岛的桧前村和冈山县修建了纪念阿知的阿知宫，大孤市北池田町建立了纪念都贺王的绫织吴织神社。甚至在福冈县粗屋郡的若杉山顶上，人们还恭恭敬敬修建了纪念汉高祖刘邦的太祖宫。福冈县系岛郡另一个山上有高祖城，山下的村庄也叫作高祖村。

原田家族没有忘记自己的祖先，他们在家谱里把这一切的来龙去脉记得一清二楚，家族墓地里至今还在祭祀象征汉高祖的“金龙”。1994 年，一个叫原田的老人还专门带领家人，来到江苏沛县刘邦的故里祭祖，寻觅自己的根，回忆往昔汉家皇室的光荣呢！

这一切都是真的吗？是不是写书的老头儿的杜撰？

家谱不免有不实粉饰的成分，不是所有的家谱都可靠。但是江苏沛县有一篇关于日本原田一家前往祭拜刘邦的新闻。一个家住日本福冈的青年告知写书的老头儿，当地的确有这么一个太祖宫和高祖城，他曾经多次去看过。因此，写书的老头儿基本相信有这么一回事，把这一段材料写在这里。历史是一条浩浩荡荡的大河，被遗忘的枝节很多很多，没准这就是真的呢？

如果有怀疑，请到日本九州福冈县去打听打听，想一想汉高祖为什么在这儿被尊敬为神？翻开隐秘的日本历史细细检查，进一步验证这个问题吧！

“高天原”来的“渡来人”，形成了日本民族。
从哪儿“渡来”的，是不是一篇篇中国的航海故事？

# 日本的“渡来人”

日本民族是从哪儿来的？请听他们自己的历史学家说吧！

说起来，日本的民族来源非常复杂，主要包括“原住人”和“渡来人”两部分。

什么是“原住人”？

字面上说得明明白白，那就是最早的本土居民嘛。

日本的“原住人”在哪些地方？

听日本自己的历史学家说吧！他们主要分布在北海道和过去的南千岛群岛，包括北方虾夷在内的极少数本土居民。这些原住民的文化非常落后，大多数日本人都瞧不起他们，压根就没有把他们放在眼里，他们绝对不是日本民族的主流。

什么是“渡来人”？

也听日本自己的历史学家说吧！“渡来人”又叫作“归化人”，就是渡过大海，从外面乘船迁移来的海上移民。

我们前面讲过的带领三千童男童女到日本的徐福集团，就是不折不扣的“渡来人”。汉献帝的玄孙阿知，带领整个家族逃亡到日本，也是一个“渡来人”的例子。后来他们改姓坂上、大藏和原田，岂不又是“归化人”了？

得啦，先撇开这两个活生生的例子，再回过头来仔细研究，日本的“渡来人”到底是从哪儿来的？

日本历史学家八幡一郎在《日本民族》这本书里说道：“由于地理关系，在几千年中，日本人从各方面漂流进来，定居下来，而又经常与其周围各地隔绝，从而不知何时变成了‘汞合金’那样的东西。可以相信日本人的

1946年拍摄的北海道土著阿伊努人影像。（文仕工作室 /FOTOE）

源流不一定是一处的，日本人的人种关系和文化系统也不一定是一元的。因此当分析日本民族时，应该从人种血统和文化系统两个方面双管齐下去进行。”

瞧，这段话说出了真相。所谓“汞合金”就是一种混合物，一下子就道破了日本民族的组成实质，他们是“从各方面漂流进来”混合而成的。

对这个四周围绕着海洋的岛国来讲，这也就是一个从海上进入的问题。

古代的日本“渡来人”，到底是从哪儿来的？

著名日本历史学家三上次男在《大陆文化之路》里说：“翻开亚洲地图，看靠近太平洋的部分。朝鲜半岛好像垂挂在作为母亲的亚洲大陆胸部的一个乳房。从那乳房中一点一滴流下来的母乳，就是对马岛和壹岐岛。而日本列岛则正是那位母亲所怀抱的一个婴儿。”

这一段话说得多么透彻啊！它不仅满怀感情，生动形象地说出了日本列岛和朝鲜半岛的关系，而且十分忠实地讲出了日本是接受亚洲大陆母亲的乳汁，哺育成长的基本事实。

古时哺育日本的乳汁，并不仅仅来源于一条狭窄的海峡之隔的朝鲜半岛。因为狭长的日本列岛和亚洲大陆还有多个接触点，这些接触点都在古代航海半径之内，不仅仅是最近的朝鲜半岛。而朝鲜半岛的文明，也和背后的中国斩不断、理不清。所以，真正的日本文明来源，应该是朝鲜半岛背后的中国。

另一位日本历史学家伊藤道治，在《被唤醒了的古代》中说：“中日两国之间的关系，说它是片面地从中国方面的作用，毋宁说是占着大势。包括朝鲜在内，说它们的文化是属于中国文化圈，也是无有不可的。”

这段话是什么意思？说的是日本主要受中国文化的影响，包括垂挂在日本婴儿面前的乳房朝鲜半岛，也和中国分不开。乳房是慈爱的母亲身上的，人总不能只看见滴流乳汁的乳房，不认识真正的母亲本身吧？

这些话可靠吗？只凭几句话当然还不太可靠。如果你不相信这几个日本历史学家的话，就来看看更多的证据吧！

中国人说，我们是炎黄子孙，就是传说中黄帝和炎帝的子孙。黄帝、炎帝来自黄土高原西部，这件事明明白白，谁也不会怀疑。

日本人也说，他们最早的祖先是传说中的神武天皇。这个神武天皇生活在公元前711年至公元前585年，日本神话有“天孙降临”和“武尊东征”的故事。据说日本民族是奉天照大神之命，在神武天皇的带领下，从高天原而来，所以比其他民族优秀。

请注意这个“高天原”，加上“渡来人”的观念，以及前面那几位日本历史学家的解释。

日本本土有这样的“高天原”吗？朝鲜半岛有这样的“高天原”吗？

从日本的周围环境分析，这样的“高天原”只可能来自中国。这就是中国的黄土高原和其他高原吗？需要好好研究一下。

请注意，这话不是我们说的，是日本人自己说的呀！写书的老头儿，只不过客观引用一下他们的话而已。

另一位名叫喜田贞吉的日本历史学家，在《铜铎考——秦人考别编》中说，日本社会从绳文文化向弥生文化过渡的时候，外来的“优秀民族”帮助了当地的“劣败民族”。白纸黑字写得清清楚楚，不用过多解释了。

1948年，东京大学江上波夫教授，又提出了一个“骑马民族征服论”。他认为在中国的五胡十六国时期和朝鲜半岛的高句丽、百济并存的时代，曾经有北方大陆的骑马民族进入日本，征服了当地的原住民，建立了应神王朝（公元270—310年）。不消说，这个“骑马民族”主要就是从西边“高天原”的中国来的。

啊，原来中国漂洋渡海来到日本的人很多很多，不是只有徐福和阿知两个集团。

仔细分析中国历史，有好几次出海逃亡的主要难民潮。

第一个是殷商王朝无情屠杀东夷的时候，所谓“东夷失踪”事件。

第二个是周王朝同样无情驱赶殷商遗民，大批遗民被逼迫出海逃亡，所谓“殷人东渡”事件。

第三个是春秋战国乱世，冒险浮海的逃亡者。从古书《齐东野语》中，不难找到根据。

第四个就是包括徐福集团在内的“秦之亡人”。

第五个是三国、西晋之交的大批流亡者，包括前面所说的汉献帝后裔阿知集团。

第六个是两晋南北朝时期的另一次规模巨大的难民潮。

第七个是南宋灭亡后，逃避凶残的蒙古统治者的难民潮。

需要指出的是，中国移民不仅来自山东半岛和北方各地，在战乱岁月中，整个漫长的中国海岸线，几乎都是出海外逃的出发地。南方的吴越和北方的齐国一样，从来都是擅长造船的“海国”。人们一旦在本土站不住脚，自然会想到驾船远走高飞。所以古书记载：“倭人自称吴太伯之后”，或者“夏后太康之后”。“吴太伯”在中国南方的长江流域，“夏后太康”在中国北方的黄河流域。这些移民包括了中国的南方人和北方人。

当然啰，进入日本列岛的“原住人”和“渡来人”，并不只是从中国来的，还有别的一些来源。其中包括从朝鲜半岛经过对马海峡、从东西伯利亚穿过鞑靼海峡而来的蒙古人，也有一些从马来群岛漂来的马来人。他们经过不断融合，最后形成了日本民族。只不过“渡来人”的主次有别，看来应该是以中国为主。我这样说，是不是符合真实情况，还请大家，特别是日本朋友多多指正才好。谢谢啦！

## 小卡片·日本大和民族的来历

日本人自称大和民族。请问，这是怎么来的？

大致在公元前3世纪和公元前2世纪之交，相当于我国的战国末期和秦、汉帝国时代，日本出现了许多大大小小父系氏族社会阶段的部落。其中有的逐渐发展成为国家。进入公元1世纪后，整个日本列岛大约有上百个奴隶制小国，这些小国一直延续至公元3世纪。例如《三国志·魏志》所记载，当时位于九州岛，向曹魏进贡的邪马台国，就是其中比较大的一个，国王被封为“亲魏倭王”，赐予金印以示恩宠。

到了公元4世纪，相当于我国的三国、西晋时期，日本本州岛奈良地区，也就是大和地区，兴起了一个奴隶制的大和国（又叫作倭国、大倭国）。直到公元7世纪左右，大和国逐渐征服包括九州在内的大部分地方，形成一个完整的国家。它一面向我国的东晋和南朝的宋国进贡，接受封号，一面侵入朝鲜半岛南端。它的国王被称作大王或倭王，这个时代结束后，才改称为天皇。日本人所说的大和民族就是这样来的。

这儿海底有象，不是海象。海底有牛，不是海牛。
到底怎么一回事？且听我从头说来。

# 海底的大象

哇，海底发现了大象。

不，不仅有大象，还有牛、犀牛和鹿呢！

哇哇哇，这可是爆炸性的新闻，交给小报记者，准会闹翻了天。

请问，这是在哪儿发现的？

发现这些动物的人报告，咱们国家的黄海、渤海海底，都捞起过这些巨大的动物。

咦，这是怎么一回事？

难道这些动物会游泳，和鱼儿生活在一起？

它们是不是穿着潜水服，在水底散步？

它们是不是龙王老爷养的？

是不是动物园的船沉了，它们落水淹死了？

哪有这样运送动物的船？莫非是挪亚方舟吗？

哎呀呀，一个又一个解不开的谜，简直把脑袋弄晕了。如果这不是骗毛孩子的童话，就是神话故事。

得啦，别瞎胡乱猜了。它们不是水里游泳的动物，也不是动物园的沉船，更和龙王老爷没有一丁点关系。科学家报告说，这些都是几万年、十几万年前，生活在寒冷冰期时代的古动物化石。

这不是普通的大象和犀牛,是周身披着厚厚的长毛的猛犸象和披毛犀。

这不是普通的牛和鹿，是远古时期的原始牛和大角鹿。还有一些其他种类，也都是早已消失了的古代物种。

它们生活在苔原和草原上，当然不会游泳，不是鱼儿的亲戚。

距今约 12000 年的披毛犀化石。(杨兴斌 /FOTOE)

这里没有什么动物园的船，也没有挪亚方舟。它们都是孤零零在海底被发现的，东一个、西一个，相距很远很远，别把它们和船呀船的扯在一起。

唉，这样说，还是有些不明白。它们就算是古时候的动物，怎么会跑到海底去?

科学家解释说，这一点也不神秘呀！遥远的冰期时代，气候非常寒冷，许多水都冻结成冰。北冰洋和南极大陆，以及许多高山、高原上都铺盖着厚厚的冰雪。地球上的水只有那么多，水少了，海平面就会大大下降。渤海和黄海的一些地方亮了底，变成了宽敞的草原。大象呀牛呀，来到这里吃草，最后一个个死在这儿，就变成今天海底留下的珍贵的化石了。

想一想，沧海桑田的变化，陆地上可以发现远古鱼儿和贝壳的化石，为什么海底不能找到四条腿的动物的化石呢?

喔，原来是这么一回事。它曲曲折折的，还有一些故事情节呀！

猿人带着石斧，在“海底”草原上闲庭信步，
从周口店到日本，成为那儿的开山始祖。

# 日本的原始“鲁滨孙”

隔开中国大陆和日本列岛的黄海，一些地方变成了陆地，原始人就顺着这一大片大海吐出的草原，一步步走过去，来到了日本。从北京周口店来的第四纪更新世猿人，就是敢“下海”的带头人。

嘻嘻，这是真的吗？是不是科幻小说讲的故事？

是的！是的！保证是真的。不信，请日本的科学家来评定吧！

日本科学家说，空口说白话可不成，要先看看证据。

让我们首先看看，日本有些什么原始人的化石，它们最早出现在什么时代。

日本的原始人化石不多，时间也不算太早，不能和中国相比。

今天在日本发现最早的古人类化石，仅仅是旧石器时代中、晚期的，还没有更早的化石出土。从数量上来看，也不算太多。其中，兵库县明石市的“明石猿人”、栃木县葛生町“葛生猿人”、爱知县牛川町“牛川人”、静冈县三日市“三日人”可以作为代表。

有原始人，就有原始工具。前面所说的这些遗址里发现的石器化石，据日本考古学家研究,几乎都和北京周口店晚期猿人使用的工具一模一样。

最早的“明石猿人”生活于大约10万年前的第四纪中更新世，时间大致和周口店的晚期猿人相当。除此之外，日本就没有更早的原始人化石了。可是中国还有许多更加古老的原始人呢。这就说明了一个问题，中国最早有原始人出现的时候，日本列岛还荒无人迹，是名副其实的前鲁滨孙式的荒岛，等待着“鲁滨孙”前去发现呢！

最早的“鲁滨孙”是谁？

北京周口店猿人遗址第 15 考古发掘点。（聂鸣 /FOTOE）

日本列岛周围是波涛汹涌的大海，岛上没有人类的种子，那就只可能是从中国来的原始人呀！

日本地质学家井上光贞推测，这件事发生在冰川期时代。有一些来自北京周口店的晚期猿人，在追踪猎物的过程中，一不小心就从中国的华北地区，一步步向东迁徙，最后到达日本，成为日本最早的居民。

我国著名古生物学家裴文中，仔细比较了日本九州早水台遗址的石器类型和加工技术，以及北京周口店第 15 考古发掘点的文化遗存，发现两者“具有许多共同之处”。日本考古学家芹泽长介也点头同意说：“早水台遗址最下层的石器，与周口店文化一脉相传。”他进一步肯定了这种“北京猿人东渡”的说法。虽然这不是唯一的来源，却是最主要的来源。

请注意，日本列岛没有发现更早的原始人类遗迹。这就是日本最早的“原住人”的祖先。

1994年，在广西柳州举行的“中日古人类、史前文化渊源关系国际学术研究讨论会”期间，写这本书的老头儿参加并主持这个会议，曾经和许多日本学者讨论。他们一致认为柳州地区著名的柳江人遗址、白莲洞遗址、甑皮岩遗址，以及江西万年县仙人洞遗址、福建清流沙芜乡遗址，都和日本早期人类与文化有密切关系。不少人支持“北京猿人东渡说”，进一步认为不仅华北、东北，中国南方的一些原始人和原始文化也是对日本传播“人气”的重要源地，全面输入了原始文化的种子。

这样一说,在日本民族中,不仅后来的“渡来人”,甚至包括最早的“原住人”，基本上也都是从中国迁移过去的。

瞧，一个个严肃的日本科学家都同意这样的科学结论。日本人谈论自己的祖先时，请冷静下来，好好想一想这个有趣的科学问题吧！

喔，明白了。最早踏上日本这个荒岛的“鲁滨孙”，原来是从中国去的“开垦者”。

中国有一句古话说“身从何处来”，得好好想一想呀！

## 小卡片·黄海的海侵和海退

原始人怎么能够进入四周被海洋包围的日本列岛？唯一的可能是海平面降低后，形成特殊的陆桥，原始人才能从外界进入。这就发生在第四纪冰期，若干次海面下降的事件里。

对第四纪历史进行研究，中日之间的黄海、东海海面曾经有7次下降,时间分别为170万—140万年前、90万—70万年前、35万—30万年前、14万—11万年前、7万年前、5万—4万年前、2万—1.3万年前。其中以最后四次下降幅度最大，相当于中、晚更新世。2万—1.3万年前的海平面下降，相当于末次冰期，也就是玉木冰期极盛阶段，海平面下降大约有100米—150米之多。海上一些地方露出来，成为一道道联系两边的“陆桥”，这样原始人类才能迈开步子走过去，在日本列岛上住下来。

威海卫威震海上，刘公岛拱卫海港。
大唐舰队战绩辉煌，北洋水师泪眼汪汪。

# 一个军港，一个岛

山东半岛好像一艘乘风破浪的巨舰，迎着太阳升起的方向伸进滚滚黄海。“舰首”所在的位置有一个古老的军港，它警惕地注视着四面八方，日日夜夜保卫国家的安全。

这是什么地方？

这就是鼎鼎有名的威海，就是“威震东海”的意思呀！古时候，它叫作宁海州。宁海、威海，含义都是一样的，都包含着保障海疆安全的意思。

威海这个地方三面环海、一面靠山，地形非常险要，是驻扎海军的好地方。早在隋唐时期，人们就在这里驻扎了一支拥有大大小小各种战舰的舰队。大的叫“艨艟”，小的叫“海鹘”，还有快速的“走舸”、战斗力很强的“斗舰”，这些战船组成了一支强大的古代海军。

唐高宗龙朔三年（公元663年），日本趁着朝鲜半岛高句丽、百济、新罗三国分立，一团乱糟的时候，拉拢百济进攻新罗。唐朝派兵帮助新罗，在今天韩国境内的白江口，和日本、百济联军交战。唐将刘仁轨指挥船队从左右两边包围日本舰队，顺风发射火箭，好像火烧赤壁，歼灭了整个日本舰队，一万多倭奴士兵统统成为淹死鬼。这是中日两国第一次交战，以中国取得胜利而结束。这一支唐朝舰队，就是从威海军港出发的。

明朝时，日本人又来了，一股股倭寇在中国沿海骚扰。明军为了防御倭寇，就在这里设置了威海卫，驻兵防备这些如麻苍蝇般嗡嗡乱飞的讨厌的海上强盗。有了这个海上哨所，倭寇再也不敢到这里来了。

可惜呀！实在太可惜！后来明朝和清朝朝廷不知道怎么想的，竟改变了海上发展的策略，放弃自身原有的优势，关起门来实行“海禁”政策，

山东威海刘公岛炮台，当年清军使用的德国克虏伯大炮。（张奋泉 /FOTOE）

任凭别人一步步赶上来，远远超过了自己，挨打就不可避免了。

鸦片战争以后，中国被列强欺侮得够呛，终于明白一个道理，如果不放下“天朝大国”的架子，老老实实学习别人，师夷之长以制夷，后果就更加不可想象了。

这个改革就从加强海防开始。李鸿章在一些洋务派的积极努力下，在

这里开辟了军港，购买了一些新式军舰，建立了第一支近代海军。

那时候，北洋水师驻扎的地方，就在当地的刘公岛。

这个岩石嶙峋的海岛，横卧在威海港外，本身就像一艘不沉的军舰，威风凛凛镇守在这里，是威海卫的海上天然屏障。岛上有号称“水师衙门”的北洋海军提督署，还有培训海军士官的水师学堂，是整个北洋海防的指挥中心。

可惜呀！实在太可惜！在清政府腐败落后的情况下，有了这些铁甲战舰，又有什么用？苦心经营的北洋舰队，还是在甲午海战中全军覆没，让人留下痛苦的回忆。

北洋舰队没有了，威海卫消沉了。光绪二十四年（公元1898年），英国强迫清朝政府签订《展拓香港界址专条》，强行租借包括大鹏湾、深圳湾在内的九龙半岛一大片地方，租期为漫长的99年。英国在中国南方占了便宜，又强迫清政府签订了《订租威海卫专条》，霸占了整个威海卫港口和附近的岛屿和水面，租期25年，期满后可以“协商”延长。1900年，英国在这里设置管理的行政长官署，直属英国殖民部管理。英国甚至还专门制作了一面带有威海字样的米字旗，让它肆无忌惮飘扬在这个北方军港的上空。

孩子们，你们知道这一段屈辱的历史吗？

日本不怀好意闯进朝鲜，引起一场激烈战争。
北洋舰队殊死一战，七零八落烟消云散。

# 甲午海战前前后后

光绪二十年（公元 1894 年），朝鲜发生内乱，朝鲜国王邀请中国派兵援助。日本瞅着机会，也出兵闯进汉城（今韩国首尔），抓住朝鲜国王，逼迫他发出“要求”，让中国军队撤军，只留下它的一支“友军”在朝鲜“维持秩序”。

日本的目的非常清楚，不仅在这里执行“警察任务”，而且为了实现它的“大陆政策”，眼睛可是紧紧盯住中国的。有一成语，项庄舞剑，意在沛公，日本的目的谁都很清楚。

情况严重了，看来中日双方一场大战已经无法避免。北京的朝廷里乱成一锅粥，是战是和决定不了。这时正是慈禧太后 60 岁的生日前后，一些大臣说：“老佛爷的寿辰事大，别冲了生日大典。”他们主张一团和气，千万别惹恼了东洋人，说什么也得拖一拖，别影响了太后的生日喜庆。多亏已经长大了的光绪皇帝坚决支持主战派，要打就打，不能退让。李鸿章才勉强派兵增援，却又阳奉阴违，悄悄密令陆军“先定守局，再图进取”，海军“以保船制敌为要”，“不应以不量力而轻进”。说白了，他就是让军队千万不要打起来，保命保船比什么都重要。有了这样的混账命令，这场战争还会有好结果吗？

他们这样想，日本可不这样想。1894 年 7 月 25 日，日本突然不宣而战，首先发动袭击，挑起了战争。

中日之战爆发了。

这一年是干支纪年甲午年，所以这次中日之战被叫作甲午之战。

这一天，刚刚过了凌晨 4 点，海上还是一片漆黑。早在途中埋伏的日

邓世昌（1849—1894），近代著名海军将领，祖籍广东番禺，时为“致远”号巡洋舰管带，在1894年中日甲午海战中捐躯报国。（张庆民/FOTOE）

本舰队就趁着黑夜向一支中国的船队开火，正式挑起了战争。

中国一边包括租来运兵的英国轮船“高升”号，随行的“济远”“广乙”两艘护卫军舰,以及另一艘“操江”号运输船。毫无准备的中国船队遭受突然袭击,“广乙”号还来不及反应就被击沉了。空荡荡的海上,只剩下“济远”号和装满上千陆军士兵的“高升”号，情况非常危急。

这时候，唯一的战舰“济远”号，应该冲上去积极抵抗，保护没有武装的运兵船才对。想不到“济远”号管带方柏谦是怕死鬼，竟挂起白旗转身逃跑了，撇下装满陆军士兵的“高升”号，让它成为敌人的活靶子。“高升”号的英国船长急了，为了保住自己的船，他连忙劝中国官兵投降，结束眼前的困境。中国官兵不理睬他，纷纷拥上甲板，握住手里的步枪，和敌人的大炮对着干。这场绝望的战斗注定了胜败,“高升”号转眼就被击沉。丧失人性的日军竟用机枪扫射，“清理”了周围海面，不留一个人影。

请记住，这就是日本惯用的手法。不宣而战突然发动袭击，先打别人一个冷不防；不顾国际公约，灭绝人性地屠杀失去反抗能力的对方人员。

战争爆发后，陆上战场同时在平壤打响。从人数来说，双方力量相当，清军又得到朝鲜军民积极支持，本来可以打退敌人。可是主帅叶志超指挥

### 历史档案·马关条约

甲午战争结束后，清朝政府派李鸿章到日本去，签订了卖国的《马关条约》。条约规定中国承认朝鲜归属日本，割让台湾岛及其附属各岛屿、澎湖列岛和辽东半岛，赔偿日本军费2亿两白银，开放沙市、重庆、苏州、杭州为商埠，允许日本在中国的通商口岸投资办厂。由于这个条约触犯了俄国、德国、法国的利益，三国干涉日本，迫使日本还回了辽东半岛，清政府却不得不增加一大笔赎买钱，真是窝囊到了极点。

失误，使形势发生急剧转变。尽管总兵左宝贵顶住敌人的攻势，死守玄武门不后退，可是当他不幸中炮牺牲后，形势开始对中方不利。作为主帅的叶志超贪生怕死，竟竖起白旗停止抵抗，下令全军撤退，自己临阵脱逃，一直逃过鸭绿江，把整个朝鲜留给了日本。

与此同时，海战也在黄海上爆发了。

当时北洋舰队的主力，在海军提督丁汝昌率领下全部出动。北洋海军护送5艘运兵船，载运增援的4000名陆军，到达鸭绿江口附近的大东沟。陆军登陆后，海军返航，迎面就遭遇了日本联合舰队，展开了一场激战。

战斗开始后，丁汝昌下令把双纵队的行进排列，改变为战斗队形，旗舰“定远”号在中央，其余各舰左、右排开，集中火力进行战斗。

在激烈的战斗中，“定远”号主桅中弹，站在舰桥上督战的丁汝昌不幸身负重伤。他拒绝进船舱躲避，坚持坐在甲板上继续指挥。可是战舰受伤更加严重，信号旗也烧毁了，他根本就没法指挥舰队。加上形势变化迅速，对中方非常不利，他根本就没法控制局面了。

舰队失去了指挥官，立时陷入一片混乱。各舰只好各自为战，谁也顾不上谁。多亏“定远”号的管带刘步蟾挺身而出，接替丁汝昌的指挥，驾驶着受伤的军舰猛冲猛打，击中了好几艘敌舰，敌人的旗舰“松岛”号也受了重伤，刘步蟾给自己的旗舰“定远”号和舰队司令丁汝昌报了仇。

混战中，我方的损失更严重了。“超勇”“扬威”两艘炮舰接连起火，不得不退出战斗。“超勇”号炮舰摇摇晃晃走了不远，再一次中弹沉没。

管带黄建勋落水，心中十分悲愤，不接受一艘鱼雷艇抛下的救援绳索，和大部分官兵一起壮烈牺牲。北洋舰队的一艘艘战舰相继中弹起火，情况非常危急。

为了保护受伤的“定远”号，稳定阵势，“致远”号管带邓世昌作出决定，迅速升起帅旗，代替旗舰冲在最前面。他瞅准了凶猛的“吉野”号，这个“吉野”号仗着速度快、火力猛，在海上横冲直撞，只要干掉它就好了。

这时，“致远”号已经燃起大火，好像一团火球，歪歪倒倒冲杀在最前面。敌人立刻团团围住它，打得船身倾斜立刻就要沉没，“致远”号已经没法正常行驶了。

邓世昌明白，最后的时刻到了。“致远”号鼓起最后的力量，朝着“吉野”号的右舷冲去，准备和它同归于尽。敌人想不到这艘受伤的中国军舰这么勇敢，连忙集中火力向它射击。不幸一发炮弹击中了“致远”号的鱼雷发射管，管内鱼雷发生爆炸，军舰立刻就沉没了。

船沉的时候，旁边的水兵递给邓世昌救生圈。他却拒绝说：“我立志杀敌报国。今死于海，义也，何求生为。”

邓世昌落下水后，所养的爱犬“太阳”也游过来，衔着他的手臂想救他。他毫不犹豫按住爱犬的脑袋，一起沉入了大海。“致远”号全舰官兵只有 7 人逃生，其他 200 多人壮烈战死。

“致远”号沉没的时候，被敌舰围攻的“经远”号也受了重伤。管带林永升不幸中弹，脑袋迸裂阵亡。接着指挥的大副陈荣、二副陈京莹也先后牺牲，最后军舰倾翻沉没。全舰 200 多官兵，除了 16 人得救，其他统统在海上阵亡了。

战斗中，中国其他几艘军舰也受了重伤，虽然力量不足，但是也表现出了英勇气概。可是“济远”号管带方伯谦、“广甲”号管带吴敬荣，贪生怕死，临阵脱逃，实在太不像话。5 个多小时的黄海海战到此结束，中国舰队遭受到重大打击。

李鸿章为了保存残余的力量，下令剩余的 26 艘舰艇躲进威海卫港内，不得再出海作战。

北洋水师不出战，日本人可不放松。1895年1月20日，日军在旅顺大屠杀刽子手大山岩指挥下，发动了对威海卫的最后进攻。日军陆军在军舰炮火掩护下开始登陆，首先占领了威海卫。丁汝昌坐镇的刘公岛成为孤岛，北洋水师的残余舰只成为瓮中之鳖，再也没法突围逃跑了。

丁汝昌拒绝向敌人投降，带领官兵进行最后的顽强抵抗。黄海海战后修复的“定远”号依旧是主力，它在战斗中又中炮受伤不能行驶，干脆就搁在岸边作为特殊的炮台继续战斗。

由于盼不着援军，经过一番苦战，刘公岛最终沦陷了。为了不让剩余的军舰落进敌人的手里，丁汝昌不得不下令炸沉了“靖远”号，接着又炸毁了“定远”号，自己从容服毒自杀。刘步蟾也悲愤难忍，跟着自杀殉国了。

日本舰队大摇大摆开进了港口，10艘被困在港内的北洋军舰，缓缓降下大清帝国的黄龙旗，和炮台一起升起了日本国旗。曾经显赫一时的北洋舰队，就这样全军覆没了。

话说到最后，让我们重新提起一个水兵吧！他就是爱国教育家张伯苓。他在刘公岛军港内，含着眼泪瞧见自己国家的旗帜降下来，敌人的旗帜升上去，心中说不出有多难受。他认识到要想国家强大，不再受欺侮，就得发展教育，提高民众的科学文化水平。于是在一些有识者的帮助下，他回到天津创办了南开学校。南开啊南开，也有这一段难忘的历史呀！

## 你知道吗·颐和园和海军专款

英法联军火烧圆明园后，清朝没有了皇家园林，他们怎么玩乐呀？要想重建一个就得许多钱。

你可知道吗？慈禧太后为了给自己修建一个玩的地方，就挪用海军专款白银3000万两，修建了颐和园。人们为了给慈禧太后祝寿，还把园内的山峰命名为万寿山。山顶的佛香阁，就是供她烧香拜佛的地方。

你还知道吗？甲午海战中，日本最凶猛的“吉野”号，原本是中国向英国的订货。由于建立这支舰队的专款没有了，它就被日本买去了，成为那场海战中，击败清朝北洋舰队的主力。

风之口，浪之头。一道岬角纵贯东西，横分南北，形势何等险要。
千年万年，永远记住这个成山头。

# 成山头，东方的海上国门

成山头，分开南、北黄海的地方。

成山头，山东半岛的鼻子尖。

成山头，名副其实的风暴角。

成山头，中国的“好望角”。

成山头，指引候鸟飞行的标志。

成山头，还是大秦帝国的东大门。

成山头在哪儿?

成山头就是山东半岛最东边的一个小半岛，海拔高度为 200 米，南北长 2 千米，从海上远远就能望见，非常显眼，非常威严。成山头从东向西伸进大海的波心，平分开辽阔的黄海。

这是齐鲁大地太阳最早升起的地方。传说日神就居住在这里，这里是看日出最好的地方。古人登临泰山看日出，觉得那儿的眼界才空旷。可是即使站在高高的泰山顶上，观看东方太阳升起，也没有这儿更早、更真、更美，更大开眼界。

是呀！传统的泰山观日出，只能远远望见太阳从云海上升起，看不见真实的大海。这儿却是从波涛翻滚中，涌出一轮红彤彤的太阳。初升的太阳身上似乎还带着水珠，气势当然不一样。

难怪姜太公帮助周武王平定天下后，曾经专程到这里来参拜日神，迎接从东边的大海上升起的太阳。后来这里还修建了一座日主祠，祭祀赐予

山东荣成，竖立在成山头的领海基点碑。（常鸣 / FOTOE）

人间光明的太阳神。

是啊，难怪秦始皇也两次到这里来看日出，还派人从附近出海寻找长生不老药。丞相李斯提笔写了“天尽头，秦东门”几个大字，留下作为标志国权的重要宣言。

请注意“秦东门”这三个字，包含着多么深远的意思？

这说得清清楚楚，这儿就是大秦帝国的东方国门呀！

有门就会进进出出，就会留下无数航迹。一统天下的大秦帝国之堂堂“东门”，更加不是平常的门户可以比拟的。

是呀，这几个字岂不是明明白白宣示了大秦帝国对东方海洋的主权吗？试问，2200多年前的那个时候，隔海的周边地区都还在蒙昧之中。除了大秦帝国，除了中国，还有什么国家曾经这样宣告过，对这一大片海洋的权利？

秦始皇崇拜太阳。传说他为了能走到太阳身边，想在这儿修建一座天桥，通往太阳升起的海心。他调动民工日夜不停地填海。东海龙王被感动了，派手下一个海神帮助秦始皇修桥。这个海神相貌很丑，不许人给他画像。秦始皇不守信用偷画了他的像惹怒了他，海神就扔下造桥工程走了。现在浪花中留下的四块巨石，就是未完成的桥墩，成为这一段神话故事和古人追逐太阳的见证。

成山头位置特殊，因为它伸进大海，三面无遮无拦，正是“出风头”的处所。岩石嶙峋、地势高耸的半岛，阻挡住风头和海流，所以这里风大，

浪也特别大，超过了沿海任何地方。这里风速可以达到 40 米 / 秒，最大时可以卷起六七米高的风浪。一排排波涛日夜不息冲撞陡峭的崖壁，发出嘭嘭巨响，令人感到惊心动魄。我们把苏东坡描述赤壁风浪的诗句“乱石穿空，惊涛裂岸，卷起千堆雪”搬到这儿来形容它，也十分妥切。自古以来不知有多少船只在这里遇险沉没，来往水手十分敬畏它，行船小心翼翼。这儿真是名副其实的风暴角。

这里分开了南、北黄海，船只经过这里通向另一个新的海域。南来北往的水手祈求得到好运气，能顺利抵达向往中的目的地，所以这里也被称为中国的“好望角”。

长长的成山头，好像一个跳板，从陆地伸进大海。从空中看非常显眼，它也是引导南来北往的候鸟最好的飞行地标。每年一群群鸟儿从这里经过，带来许多生气，形成一幕幕特殊的景色。据说，太始三年（公元前 94 年）二月，汉武帝到这里巡游，捉住了一只大雁，并写了一首《赤雁歌》。诗中特别说了“赤雁集”这句话，可以作为候鸟聚集的证明。

有一首古诗这样描写这里：“天尽地无尽，沧海一望惊。日晴仍汉色，潮怒带秦生。远想来孤鹤，深疑卧巨鲸。欲观真面目，需向海中行。”这首诗包含了历史典故和对它的环境叙述，是对成山头最好的写照。

啊，成山头，说不完的成山头。

不到成山头，不知太阳从哪里升起。不到成山头，不知风有多大、浪有多高。不到成山头，不知大秦帝国曾经在这里发布过宣言。这里标志着我们的固有海权，这里就是东方的国门。

## 你知道吗·不夜县

喂，你知道吗？古时候还有一个不夜县呢！

不夜县，听着这个名字就稀奇。难道从前也有五光十色的霓虹灯，像上海那样的不夜城吗？

当然不是的。这个不夜县是西汉时期设置的，位于山东半岛最东端，今天的荣成市埠柳镇境内，成山头西边大约 30 千米的地方。喜欢标新立异，乱改一通的王莽，上台后还曾经把不夜改为夙夜两个字。你到当地去打听，这儿至今还有一个不夜村呢！

人们有些纳闷，为什么叫这个名字？

有人说，从前这儿的太阳曾经在晚上出现过。有人说，因为这里在陆地的最东头，能够最先看见太阳。

还有人说，这是“夜易”两个字的变化。什么是“夜易”，是晚上赶集做生意吗？这就得问古人了。

蒙古骑士气魄大，不耐烦运河上咿咿呀呀，干脆冲波破浪出海上。
一艘艘运粮船，闯过东海、黄海进渤海，南北来来往往。
啊呀呀！这是何等壮观景象。

# 骑马王朝的海上运粮船

元朝，骑马的王朝。

元朝，下海的王朝。

马背上的骑士，和海洋八竿子也打不着，难道也和大海有关系吗？

嗨，脑袋别那么死板呀！堂堂一个王朝，有骑马的战士，也有海上的水手嘛。来自蒙古高原的骑士们，虽然和海水沾不上一丁点儿边，可是接过了原来南宋的班，在中华大地上建立起一个新王朝后，面对着属于自己的领海，也不得不想办法，和大海打交道了。

元朝接过了天下，从草原翻过了长城，把京城设置在关内的大都（今天的北京），一下子就遇到一个吃饭的问题。人们需要从富饶的南方运送粮食到京城，才能解决这个难题。

怎么完成这个南粮北调的重要任务呢？按照从前草原过日子的老办法，赶着马和骆驼驮运成吗？

这可不成。成千上万吨粮食，马和骆驼慢吞吞驮着一步步走，什么时候才能运到目的地？那时候没有火车，人们唯一的办法就是水运。虽然有一条连通南北的大运河，但是由于泥沙淤积严重，长期没有疏通，一时半时也恢复不了元气。运河怎么比得上大海，最好还是海运。骑马的蒙古人不成，就找熟悉大海的人吧！

为了达到目的，帮助皇帝治理天下的丞相伯颜，来到南宋的首都临安（今天的杭州），收缴了包括海图在内的大量文件后，立刻就安排两个“懂海”的人来执行这个任务。

元代“刺桐海舶”模型。(杨兴斌 /FOTOE)

这两个“懂海”的人来历可不简单。一个叫朱清，一个叫张瑄，他们曾经在海上长期偷运私盐，都是海盗出身，对海上的情况比对自己的手掌心的纹路还熟悉。

伯颜不计较他们的过去，只要能办好这件事就行。他们没有辜负伯颜的期望，根据自己的经验，很快就开辟了一条海上运粮的路线。他们使用能够在浅水航行的平底海船，从江南的刘家港（今天江苏省太仓市浏河镇）出发，穿过长江口，沿着海岸一直往北。船队绕过成山头，拐进渤海湾，驶进海河口，一直到达今天的天津市武清区的杨村码头，这里距离大都不远，海运的任务就完成了。船队返回的时候，又把北方的土特产品运到南方，进行南北物资交流。

这条航线走了一阵子后，他们觉得岸边的水太浅，泥沙多，沉甸甸的运粮船很容易搁浅，加上成山头的风浪太大，航行非常危险。朱清干脆一出长江口就大胆直向海心，经过青水洋和黑水洋，远远离开成山头，直插进渤海，避免了先前的种种问题。

他们为了配合海上的情况，选择在农历四五月以后，从江南扬帆启航。这样不仅可以配合顺行的海流，还充分利用了来自南方的信风，航行非常方便。他们一开始就运输了 4 万石粮食到大都，以后一年年增加，最高达到 300 多万石，运粮量占了当时全国收粮总数的三成。由此可见，当时的海上运输规模有多大了。

朱清和张瑄不仅是元朝海运的创始人，他们还积极开发太仓，建造了大批海船，发展和东南亚各国的贸易，使太仓成为十分兴旺的“六国码头”。

这两个改邪归正的海盗立下了功劳，后来分别做上了将军和“省级干部”的高级官员，我们应该在这里为他们写上一笔。人总会犯错误，只要改了就好嘛！

**小档案·朱清的故事**

认真讲，朱清也不算什么坏人。他原本是崇明岛上的穷苦农民，是一个姓杨的恶霸地主家里的家奴，因为实在受不了虐待，他就杀了凶恶的地主，和张瑄一起到海上贩卖私盐。后来他们受到官军追捕，干脆当了海盗，所以他们非常熟悉大大小小港口进出的秘密航道和海上情况。

强横帝国休说大，弹丸小岛敢抗衡。五百壮士齐挥刀，不屈秦皇汉祖。
壮烈故事代代传，人人交口说田横。

# 田横岛有一个故事

黄海的山东海岸，有许多海湾和小岛。从青岛所在的胶州湾，往北经过崂山湾，再往北，有一个小小的横门湾。湾口横卧着一个小岛，它活像一根门杠，也像一只浮出水面的大鲸鱼，屏障着地势险要的湾口。

呵，没准横门湾的名字，就是从这个门杠一样的小岛得来的吧？

这是什么岛？

这就是历史上大名鼎鼎的田横岛呀！

请问，这是怎么一回事？

田横岛这个名字是怎么来的？

因为它横着躺卧在水上吗？

因为岛上有田地吗？

不，都不是的。

田横生活在战国末年，原来是齐国的一个贵族。他不承认一统天下的秦始皇，也不承认后来的汉朝，不投降秦始皇，也不投降汉高祖。一句话说到底，他压根就不承认齐国灭亡了。他认为只要自己还在，齐国就没有灭亡。他继续竖起齐国的大旗，想恢复自己的国家。可是他手下的人不多，没法和强大的大秦帝国、大汉帝国对抗。他不能像当年“春秋五霸”之首的齐桓公，指点天下威震四方了。怎么办？找一个地方死守在那里，慢慢等待复国的机会吧！齐国的旗帜多举起一天就算一天，没准机会总会来的。

他冷静地观察天下形势，并没有绝望。自高自大的秦始皇残暴无比，是一个不折不扣的暴君。有压迫，就有反抗，被征服的六国老百姓不服气，企图刺杀这个大独裁者，恢复各自的国家。他等待的，就是这个机会。

山东即墨田横岛，五百壮士墓。（姜永良 /FOTOE）

万民痛恨的秦始皇终于一命归西了，他所建立的帝国终于完蛋了。田横的心里升起了希望，觉得复国的机会终于来了。可是新建立的汉朝和秦朝不一样，平民出身的汉高祖刘邦的作风和秦始皇大不相同，用一套爱民的办法，逐渐平息了原先六国老百姓的不满情绪。

这一来，田横完全绝望了，可还有些不甘心。他掂量一下自身的力量，没法和统一天下的大汉帝国相比，只好带领 500 人，退守在横门湾里的这个小岛上，自称齐王。

他这样干，新建立的汉朝朝廷会答应吗？

眼皮下还有人想恢复已经消逝的六国，汉高祖刘邦当然不允许。汉高祖派人叫田横到京城长安来，打算解决这个问题。田横不敢不去，知道这

山东省即墨市田横岛，停泊在海湾里的木渔船。（视觉中国供稿）

一去没有好果子吃，走在半路就自杀了。消息传回田横岛，他手下的 500 人也集体挥刀自杀，没有一个苟且偷生留下来。

这件事结束了，我们该怎么来看这个问题?

他们反抗残暴的秦始皇不是没有道理，后来继续对抗新兴的汉朝，还想在稳定的形势下,保持自己的独立王国就有些问题了。可是不管怎么说，从他们对田横的感情来说，还是值得称赞的。历史上把他们称为“五百义士”，不是没有一点道理。

时间飞逝了 2000 多年，今天这儿被开辟成了旅游区。全岛最高峰田横顶上的五百义士墓，也成为著名的历史遗迹，是青岛的重点文物保护单位。人们又新建了田横碑亭，作为当年一段悲壮历史的见证。

军港的夜静悄悄，美丽的城市忘不了。海老人日日夜夜泡在浪涛里，崂山道士轻轻巧巧穿过了墙壁，有趣不有趣？

# 青岛，不是岛

青岛不是岛。

青岛也是一个岛。

青岛坐落在黄海之滨，是著名的海港城市。到过这儿的人都知道，这是一个现代大都会，市中心就生活着好几十万人。它背后的铁路、公路通向四面八方，属于大陆的一部分，当然不是什么“岛”。

为什么说它也是一个岛？

因为青岛这个名字，最先就是从一个小岛叫起来的。

这是海湾口的小青岛，岛上有一座古老灯塔，它是青岛的标志。灯塔在漆黑的夜海上，发出的灯光可以照射很远。这个小岛的外形很像一把古琴，所以它又叫作“琴岛”。“琴屿飘灯”就是青岛的一个著名景观。因为这个小岛太惹人注意了，在远远的海上一眼就能瞧见它。它好像向人们通报，航行到了目的地，停靠的海港就要到了。所以，德国占领这里的时候，就把它的名字用来称呼整个海港的名字。青岛、青岛，就这样一声声叫出来了。

青岛的风光非常奇异，和一般传统的

### 小卡片·胶州湾跨海大桥

胶州湾很宽很宽，两边怎么联系？

顺着海湾跑一圈，太长啦。干脆修建一座跨海大桥吧。这座桥有36.48千米长，抛开两边的引桥不算，仅仅在海上的主桥就有25.17千米，走遍世界也是数一数二的。人们从青岛市区几十分钟就能到达海湾对面的黄岛区，真了不起呀！更值得一提的是，这儿还是青岛通往遥远兰州的高速公路的起点呢！

城市不一样，城市里散布着许多红瓦白墙的中欧古典式的房屋，形成了自己的建筑特点，也算是它的一道特殊的风景线。

青岛和大海分不开，到处都散发着浓浓的海洋气息，是有名的海滨旅游城市。炎热的夏天，是这儿的黄金季节。海滨浴场挤满了前来休闲度假的人群，熙熙攘攘真热闹，一点也不亚于别的任何海滨旅游胜地。

海湾里一道长长的栈桥，也是青岛的一个标志。这原本是清朝光绪年间修建的一个码头，如今成为有名的风景名胜。迎着一阵阵凉爽的海风，踏着硬邦邦的路面，啪嗒啪嗒一直走到尽头，迎面耸起一座双层飞檐八角的回澜阁，人们在这儿观光，再好也没有了。人们说，在这里隔着水波，瞭望远处的小青岛灯塔，倾听脚下海潮的回声，才能领略青岛的味道，永远也不会忘记。

请到鲁迅公园去玩玩，看一看旁边的水族馆吧。这是亚洲第一座水族馆，外形仿照附近的即墨古城潮海门。建筑大师梁思成先生说，这是海滨风光和中国传统建筑的最佳结合。水族馆外表古色古香，里面到处都是鱼儿和各种奇异的海洋动物，真是让人大开眼界，玩一天也不想离开。

到青岛来，不仅是玩，还得记住它的重要作用。

是呀！提起青岛，人们首先就联想到繁忙的港口。青岛是数一数二的北方大港，一艘艘装满货物的巨轮从这里进进出出，通往世界各地，带去中国的问候，带来远方的情谊。

青岛是北海舰队的基地，我们的航母“辽宁舰”就在这里停泊，一支支远洋和近海巡逻、参加演习的舰队也是从这里出发的。

喂，朋友，还记得歌手苏小明演唱的那首《军港之夜》吗？

军港的夜啊静悄悄，
海浪把战舰轻轻地摇。
年轻的水兵头枕着波涛，
睡梦中露出甜美的微笑……

星空映照下，竖立在海边的“石老人”。（视觉中国供稿）

柔和的歌声配合着优美的乐音，好像起伏的波涛一样轻轻荡漾，多么好听，歌声紧紧牵连着我们的心。甭管这歌曲是不是在这儿创作的，它也是描写人民海军基地的歌曲。

这就够了，这就够了。这又不是一道必须求解的数学题，何必非得追问作曲家谱曲、歌手歌唱的许许多多具体问题？

这就是青岛，英雄的军港。今天，我们的强大海军，早已不是甲午海战那屈辱的一代，时时刻刻保卫神圣的海疆，无论什么敌人再也不敢前来侵犯。这里就是新时代的北海舰队的基地。我们在这里放声高歌“五星红旗迎风飘扬……”，轻轻吟唱“军港的夜啊静悄悄……”，该是多么豪迈的心情。

人们到青岛来，还能看见、听见一些什么有趣的故事?

去看有名的“石老人”吧!

“石老人”在一个荒凉的海边，孤零零耸立在海水里，活像一个真正的老爷爷。传说他原本是一个渔夫，和女儿生活在一起，靠着打鱼过日子，想不到女儿被龙王抢进了龙宫。老渔夫守候在海边，一声声呼唤，盼望着女儿回来。他这样盼呀盼呀，一直盼到头发完全变白了，也没有女儿的消息，身子渐渐冻僵，变成了冰冷的石头。

去看神秘的崂山道士穿墙的本领吧!

这个故事发生在郊外的崂山上。传说崂山道士能够穿过墙壁，说得活灵活现的，真神奇呀!

## 小小科学家的话·胶州湾

青岛藏在胶州湾里，它能成为世界级的大港，离不了胶州湾这个优良的海湾。

哇!这个海湾实在太好了。

你看它，海湾口不大，加上横卧在门内的小青岛，挡住了外海的汹涌波涛。甭管外面风浪滔天，海湾内也不会受到一丁点儿影响。海湾尽管进口不大，里面却非常宽敞，整个面积有446平方千米，几乎可以装下3个列支敦士登，7个圣马力诺。海湾内港阔水深，风平浪静。一个个现代化的码头里，停泊着进进出出的巨轮，显示出海港的巨大活力。

瞧，这个海湾还有些与众不同。它除了一些小河，没有大河流进来，所以海湾里没有泥沙淤积，海水非常清亮。加上这儿冬季一般不结冰，海水终年不冻，这儿也是最优良的不冻港。

运河不是只有苏伊士运河，连接两海的岂只是巴拿马运河。
看我胶莱运河，同样沟通两海，历史十分悠长。

# 被遗忘的“两海运河”

苏伊士运河连接地中海和红海，巴拿马运河连接加勒比海和太平洋，世界上谁不知道？

你知道吗？从前咱们中国也有一条连接两个海的运河，建造时间比苏伊士运河和巴拿马运河早得多。

这就是穿过山东半岛，连接渤海和黄海的胶莱运河。

啊，胶莱运河。这个名字很新鲜，没准许多人都是第一次听说。

请问，这“胶”是哪里？“莱”又是哪里？

“胶”就是胶州，“莱”是莱州嘛。青岛，不就在胶州湾里吗？莱州在山东半岛北边的莱州湾里。一个在南、一个在北，正好南北对应，可以一条线联在一起。胶莱运河就是这条线，连接了胶州湾和莱州湾，一下子就把渤海和黄海连接起来了。

看一看地图，你就明白这条运河的重要性了。

山东半岛隔开了渤海和黄海。从这边到那边，得绕过整个半岛，不仅路途遥远，还必须经过狂风大浪的成山头，这对古时候的木帆船来说非常危险。元朝刚刚建立的时候，有一个叫姚演的人就想，是不是可以挖一条运河穿过半岛最狭窄的地方，连接南北两个海？这样就不用担惊受怕绕道成山头了。

姚演是谁？没有听说过这个人呀！

他是莱州当地的人，非常熟悉家乡的地理情况。山东半岛到处都是山，东头是山，西头也是山，恰恰中间有一片低洼的平地。他规划的这条运河就坐落在这两个“驼峰”似的鞍部里，不仅很直，距离短，而且地势低平，

埃及苏伊士运河，它连接地中海和红海。（张奋泉 /FOTOE）

施工非常方便，真是再好也没有了。

那时候，全国的心脏——大都，需要从南方运送粮食和其他物资，正为海运绕道又不安全头疼。元世祖忽必烈一听到这个方案，立刻就派姚演当总管，调动成千上万的士兵和民工，从南边的胶州陈村海口，到北边的掖县海仓口，开凿了这条运河。

明白了它的来龙去脉就好办了。这条胶莱运河，原来和苏伊士运河、

巴拿马运河的性质一模一样，都是连接两个海洋的纽带，是海河联运的一段，叫作“海道漕运”。不管怎么说，它也和海洋分不开，并不是单纯的陆上运河。

问题这就来了。

到了明朝，倭寇骚扰沿海，到处袭击我国沿海地区。为了安全起见，加上京杭大运河越来越通畅，人们改变了“海道漕运”的方针。加之胶莱运河容易淤积泥沙，水量也不足，就一天天退出了历史舞台，成为一段曾经辉煌的历史记忆。翻开一本本地理书和地图，人们再也找不着它的影子，它便慢慢湮没在历史的灰尘里。

祖国强大了，再也没有倭寇胆敢前来骚扰了。这条沉睡了八九百年的运河，还能重新苏醒，像苏伊士运河、巴拿马运河一样，发挥连接两个海的作用吗？

这有可能吗？

为什么不可能呢？

有需要，有办法，就有可能性。

人们只消清除一下泥沙，维修一下河道就成了，耗费力气不大，作用可不算小。

姚演，别忘记这个设计师。

胶莱运河，别忘记它的功绩。

醒来吧，连接渤海和黄海的古运河。

醒来吧，我们的“两海运河”。

让世界知道苏伊士运河、巴拿马运河的“老祖宗”。

我们热烈等待着你，重新出现在人间。

新兴的黄海大港，太阳神居住的地方。海鸥上上下下，海轮来来往往。
热热闹闹的海滨浴场，游客心情多么舒畅。

# “东方太阳城”日照

啊，日照，听着这个名字就让人觉得挺舒畅。

这里必定阳光普照，到处一派亮堂堂。

这里必定热量充足，万物茁壮生长。

这里必定首先见着太阳，沐浴清晨第一缕金色的阳光。

日照、日照，这个名字真好！

日照这个名字是什么意思？就是每天清晨日出，阳光首先照耀的地方之意嘛。请问，除了这儿，还有什么地方当之无愧，配得上这个称呼？

哦，没准这里就是太阳神的故乡吧！要不，怎么会取这么一个了不起的名字呢？

是啊！是啊！自古以来人们都这样说。

你知道吗？这里是远古时期太阳文化起源的地方。

是呀！是呀！这里的历史非常悠久，从来就和太阳联系在一起。传说黄帝时期，这儿是少昊居住的地方。夏、商时期这儿属于东夷的羲和族。从原始时期的少昊阶段，到蒙昧的东夷时代，这里早就有太阳崇拜的习惯了。

羲和是谁？她就是东夷祖先帝俊的妻子呀。她生了十个亮灿灿的太阳，是名副其实的太阳妈妈。说得准确些，她本身就是传说中的太阳女神。她每天驾着六条火龙拉的车子，从东方的地平线上升起，在天空中巡回，把光明和温暖播向人间。屈原在《离骚》中吟唱道：“吾令羲和弭节兮，望崦嵫而勿迫。”说的就是这位女神。因为她能够驾驭时间，有不同寻常的本领，所以早在上古时代，她又是制定时间和历法的神灵。

一片繁忙景象的山东日照港。（周一渤 /FOTOE）

是呀！是呀！传说这里就是太阳神居住的旸谷。红彤彤的太阳每天从这里升起，光明普照四方。

这里不仅有传说故事，也有可靠的历史记载。公元前 11 世纪，周朝灭掉商朝统一天下后，就把少昊的后代分封在这里，建立了一个小小的莒国。

哇，这儿曾经历过五千年前的黄帝时期，又经历了三四千年前的夏代、商朝和西周。你说，这儿的历史古老不古老？世界上许多城邦都不能和它相比。

人们说，这里是“东方太阳城”。

是呀！是呀！这里坐落在东方的黄海之滨，面前只有空旷的大海，再也没有别的东西阻挡视野。在这里抬头看，初升的太阳从海平面上冉冉升起，视野和胸襟都非常宽广。

哼哼，这里不是“太阳城”，哪里才配得上这个光辉灿烂的名字？

懂啦！懂啦！日照、日照，的确名副其实，它真的就是一座“太阳城”。

请问，日照除了和天上的太阳相关，还有别的称呼吗？

有呀！从前它还有一个乡土味浓重的名字，叫作石臼呢。

呵呵，石臼，那是农家舂米的东西呀！和太阳八竿子打不着，怎么也和这个地方牵扯在一起？

这个地名来自民间，和在海上漂泊的渔民有关系。打鱼船总得有基地嘛，不能成年累月漂泊在海里。据说，古时候一些渔民看中了这儿，在这里下锚停泊，上岸舂米做饭，把这里当作自己的基地，于是就在海边坚硬的石头上，留下了许多舂米的石臼。这也算是它的一个特点，一代代传下来，人们就把这里叫作石臼了。

明朝刚刚建立的时候，为了防备倭寇侵犯，朝廷也看中了这个靠海的渔港，在这儿建立防御所驻兵防守，正式取名为石臼所。啊呀！想不到这个浪漫色彩浓厚的太阳神的故乡，还有一段实实在在保卫国家的光荣历史呢！

日照还有别的名字吗？

有呀！汉朝曾经在这里设置过海曲县。

喔，海曲，就是大海弯曲的地方，是一个良好的海湾嘛。这么一个好名字，反映了它的地理优势，也非常符合它的特点呀！

古老的日照，没有成为埋没在历史灰尘里的化石，它又在新时代里萌发了鲜活的生命。

人们看中了这个港口，建立起一个深水大港。原本安静的海边一下子就忙碌起来，港口开通了通往黄海对面的韩国和世界各地的一条条集装箱航线。

人们看中了这儿充裕的阳光资源，立刻就动手建造起来，一幢幢漂亮的建筑拔地而起，一个个宽敞的广场接连出现，一排排林木和花圃到处铺展开。这里一切都是崭新的，很快就变成了一座名副其实的花园城。每当炎热的夏天或者假日到来，一群群游客从四面八方蜂拥而来，沐浴着温暖的海水，躺在沙滩上晒太阳，日照成为中国北方又一个新兴的海滨休闲胜地。

好啊！几千年的古城恢复了青春。人们在这儿洗涤身上的尘埃和疲劳，心儿真是说不出的舒畅。

《西游记》故事起源的地方，一座金桥横跨欧亚大陆。
孙悟空想一想，必定也自愧不如。

# 孙悟空的老家

孙悟空的老家在哪儿?

嘻嘻，别胡扯啦！他是小说里的人物，哪有什么老家?

哈哈！这个猴子是石头里蹦出来的，哪有什么老家和妈妈?

童话故事里的许多动物和人物，都有自己的老家和妈妈。米老鼠和唐老鸭的老家在美国，它们的妈妈是动画制作人华特·迪士尼。“海的女儿”的老家在丹麦，它的妈妈就是童话作家安徒生。哈利·波特的老家在英国，他的妈妈是女作家J.K. 罗琳。阿Q的老家在浙江绍兴，他的妈妈是鲁迅。感谢这些妈妈，给我们留下了这么多宝贵的精神财富。《西游记》里的孙悟空，怎么不能有老家和妈妈?

孙悟空的妈妈，就是明朝的吴承恩老先生。他是苏北淮安人，对附近的海州非常熟悉。海州就是今天的连云港，南黄海边的一个大港口。

据说，这儿的云台山就是《西游记》里花果山的原型。这座山上有一个山洞，一股水流下来，好像帘子似的遮挡住洞口，那就是孙悟空居住的水帘洞了。

孙悟空蹦出来的那块大石头呢?

当地人也会煞有其事地指着一块石头说，这就是孙悟空蹦出来的灵石，叫作“娲遗石”。人们认为只有女娲补天留下来石头，才有这样的灵气。不过，你也可以自己随便猜，反正山上山下有的是石头，幻想不犯法，怎么说都不会有人拦住你。

孙悟空的故事越说越灵了，《西游记》的故事越说越神奇，一个个说得活灵活现。有了这块石头，又有了什么八戒石、沙僧石、晒经石、唐僧崖，甚至把王母娘娘的蟠桃会也拉扯到这里来了。反正说的都是好玩的，谁当成是真的，就是自己骗自己。

不管怎么说，这得感谢《西游记》的妈妈——吴承恩。如果不是他在这儿取材得到灵感，把唐僧取经的故事，写成了《西游记》这部小说，今天怎么能有孙悟空、猪八戒的故事呢？

云台山，唐宋时期又叫苍梧山。许多著名的诗人、文学家都来过这里，留下许多诗篇。李白笔下的“明月不归沉碧海，白云愁色满苍梧”，苏东坡笔下的“郁郁苍梧海上山，蓬莱方丈有无间”，那些山呀海的，说的都是云台山和山脚下的滔滔黄海。这些著名的诗人不远千里前来游览，住在附近的吴承恩怎么能不来，寻找创作的灵感呢？

说起海州，还会让人想起另一个故事。一百二十回的《水浒传》里，有一段故事，讲卢俊义偷袭海州，被张叔夜抓住，宋江没有办法，只好带领全伙人马接受招安，归顺朝廷。这之后才有了征辽国、征田虎、征王庆、征方腊，所谓“征四寇”的一系列传奇故事了。

这是不是真的？那也得问这部小说的妈妈和历史学家了。历史学家摇摇头，小说当然不是真的。不过这得你自己拿主意，信不信就由你自己决定了。

不管张叔夜和卢俊义、宋江的故事是不是真的，海州这座黄海边的名城，可是真实的，丝毫也没有半点“小说”的成分。

海州这个地方面海靠山，背后连接广阔的中原大地。这里又是自然带中南方和北方的交界处，也是古代许多南方王朝和北方王朝相互征战不休的地方。没有一个王朝不器重它，它的位置实在太好、太重要了！

瞧，这个“州”，带着一个“海”字，表明它的重要和后来兴起，和面前的大海有密切关系，也暗示这儿自古以来就是一个重要港口。想一想，整个苏北千里无良港，这里忽然冒出一个，你说，重要不重要？

要说它和海的关系，最早在秦汉时期，人们就在这儿设置了一个东海郡。南北朝时期的东魏孝静帝武定七年（公元549年），这里才改名为海州。南宋和北方的金国斗争时，这里是双方争夺的焦点地区。谁占领了海州，

位于连云港的新亚欧大陆桥起点。（曾璜 /FOTOE）

谁就占有了先机，进可以攻，退可以守。

连云港这个名字是后来才有的，意思不是港口连着天上的云朵，而是港口挨着海边的云台山。山海相连，配合得很好，更加增添了它的气势。漫长的苏北海岸线，都是乏味的平坦沙岸，看不见一丁点儿山的影子。这里忽然一座山拔海而起，不提这座有名的云台山，就太可惜了。

海州的故事已经在历史烟云中逐渐消散了，连云港正像一颗明星冉冉升起。

这话还得从孙中山先生的《建国方略》说起。按照他的想法，中国要发展，必须开辟一系列重要的海港。除了北方、东方、南方三个一等大港外，其次的四个二等港中，就包括营口、福州、钦州和这个海州。一旦“东西横贯中国中部大干线海兰铁路”贯通，它就势必担当起更重大的任务。

孙中山先生说的海兰铁路，就是现在已经建成的，从兰州经过西安、郑州，直达连云港的陇海铁路。根据他的高瞻远瞩，这条东西交通大动脉建成后，连云港早已承担起西北和中原大地吞吐门户的任务，远远超过孙中山先生心目中同等的营口、福州、钦州三个兄弟港了。

时代在发展，国家在进步。随着连通西部边陲阿拉山口的铁路和口岸的开通，从连云港出发的列车可以横贯欧亚大陆，直达大西洋海岸的鹿特丹，代替经过西伯利亚大铁路的“第一欧亚大陆桥”，成为新的“第二欧亚大陆桥”。货物运输不用再经过传统的苏伊士运河、马六甲海峡航线，兜一个大圈子了。这条路上线路更短、更快速。连云港已成为以大陆腹地集装箱运输为主，以及大陆间国际集装箱水陆联运的重要中转港口。

连云港进步了。如果真有孙悟空，他该翻个十万八千里的筋斗，到处去报告喜讯。

## 历史档案·孙中山对连云港的评述

孙中山先生在《建国方略》中说：“海州位于中国中部平原东陲，此平原者，世界中最广大肥沃之地区之一也。海州以为海港，则刚在北方大港与东方大港二大世界港之间，今已定为东西横贯中国中部大干线海兰铁路之终点。海州又有内地水运交通之利便，如使改良大运河其他水路系统已毕，则将北通黄河流域，南通西江流域，中通扬子江流域。海州之通海深水路，可称较善。在沿江北境二百五十英里海岸之中，只此一点，可以容航洋巨舶逼近岸边数英里内而已。欲使海州成为吃水二十英尺之船之海港，须先浚深其通路至离河口数英里外，然后可得四寻深之水。海州之比营口，少去结冰，大为优越；然仍不能不甘居营口之下者，以其所控腹地不如营口之宏大，亦不如彼在内地水运上有独占之位置也。”

海上生沙洲，人间出吕四。吃鱼到这里，海上大渔场。

# 吕四的故事

喂，你听说过吕四这个名字吗？

吕四是谁？

他是吕家的第四个兄弟吕老四吗？

哈哈！错啦，吕四不是什么人，而是一个地名。

它就在南黄海的尽头，紧紧挨靠着长江口，是东海起头的地方。

吕四是一个千年古镇，“长三角”北翼的一个重要港口，自古以来就被称为“黄海明珠”。

地名就是地名，干吗取一个名字，听着像一个人，被误会为吕家的老四？

这说起来和八仙之一的吕洞宾有关系。传说他曾经骑着白鹤，四次来到这里，第一次卖药治病，第二次炼丹隐居，第三次卖糕赈荒，第四次喝酒赠金，所以这个地方就叫了这个名字。

呵呵，原来它的名字是“吕洞宾四次光临”的简写呀！这个简写也太离谱了，听着像一个人名，实在太有趣。

当然啰，这不是真的。明朝有人写了一首诗说：“自古神仙不可求，谁将小纪传东游。只今唯有千年鹤，为问当年曾见否。”

神秘兮兮的吕洞宾是不是真的到过这儿，我们找不着历史记载。白鹤倒是这儿的常客。传说古时候这里有许多白鹤飞来飞去，所以这里又叫作“鹤城”。人们知道黑龙江的齐齐哈尔是有名的北方“鹤城”，却很少有人知道，这儿还有一个南方“鹤城”呢！

为什么这里的白鹤多？因为这里是它们最喜欢的水上餐厅呀！

长腿尖嘴的白鹤能够在浅水里啪嗒啪嗒走来走去，伸出尖尖的嘴喙，

江苏吕四渔港夜色。（季青春 /FOTOE）

在水里叼鱼吃。这里水浅鱼多，当然就是它们最喜欢的餐厅啰！

俗话说“似海深，如山高”。山高海深是紧紧联系在一起的，为什么这里的海水却很浅呢？

原因出在长江身上。长江在这儿附近入海，带着许多泥沙在三角洲上摆来摆去，所以附近也淤积了大量泥沙。吕四一带的海岸，统统是长江泥沙淤积形成的。泥沙起初在水下生成一些浅滩，慢慢冒出水面形成沙洲。吕四的前身就是一片沙洲，至今这儿还有以冷家沙为中心的一些水下暗沙，排列成扇形分布在吕四附近。这些暗沙涨潮的时候消隐在海水里，落潮的时候露出水面。这些水下暗沙逐渐发展，也会变成沙洲，慢慢和海岸连接成一片。

“沙”呀“沙”，一个个沙洲逐渐发展，和陆地连接在一起，生成一条地势平坦的特殊沙质海岸线。因为这样的原因，当地人又被叫作“沙地人”，当地话也被叫作“沙地话”。

知道了吕四从沙洲到陆地的演变过程，它的另一页历史也就能够理解了。原来这儿是海上一片荒凉的沙洲，没有人居住，连一个小小村子的影子也瞧不见。由于这里四周都是海，好像天然的监狱，几百年前人们就在这儿建立起“劳改盐场”。从四面八方流放来的囚犯，被押送到这里做苦力，在炽热的阳光下晒盐，这里逐渐成为有名的苏北盐场。往后一步步发展，这里又成为有名的渔港。

为什么这儿的鱼特别多？因为这里水浅，营养物质丰富，也和黄海、东海两大海洋的海流交汇，带来许多鱼群有关系。吕四是我国著名的四大渔场之一。四面八方的人群，到吕四港来吃海鲜，因此这里的名声也越来越大，成为苏北的“小扬州”。这里和上海的直线距离只有 50 千米。人们经过连接江北启东和崇明岛的大桥，不用一小时就可以到达上海的浦东国际机场。背靠着上海这样的特大城市，吕四的水产品出口很方便，一天天更加兴旺起来了。

吕四鱼多，渔船也多，自古就是有名气的渔港。流传在海上的渔歌号子也被列为非物质文化遗产保护项目。

其实，吕四引人注意不仅在今天。早在 100 年前，孙中山先生就在《建国方略》里提出建设吕四大港的设想。当时他的理想没法实现，现在随着经济改革的形势一步步腾飞，吕四从一个小小的渔港，逐渐发展成为一个综合性的港口，和整个“长三角”经济区连成一片，终于实现了这位伟大先驱者的灿烂设想。

## 故事会·狗咬吕洞宾的传说

传说，有一次吕洞宾到吕四来，开了一个烧饼店。有一天，一个年轻人来买了两个烧饼，自己舍不得吃，都放进衣兜里带回家给奶奶吃。吕洞宾就悄悄再放了两个烧饼到他的衣兜里。想不到这个年轻人和奶奶吃了烧饼后，肚皮一下子就饱了，再也不想吃别的东西了。老奶奶有些着急了，心里想人不吃饭怎么成？他们立刻就来找吕洞宾。吕洞宾没法和他们说清楚，轻轻一拍婆孙俩的背脊骨，吃进肚皮的烧饼立刻就从嘴里吐了出来。旁边一只狗瞧见，连忙跑过去一口把烧饼吞进肚里，又咬了吕洞宾一口。说也奇怪，那只狗一下子就驾云腾空飞起来，转眼就飞上了天。旁边的人们这才知道吕洞宾是一位神仙，“狗咬吕洞宾，不识好人心”的故事也一下子传开了。

鄂新登字 04 号

**图书在版编目（CIP）数据**

中国的海洋．渤海 黄海 / 刘兴诗著．—武汉：长江少年儿童出版社，2016.8
（刘兴诗爷爷讲述）
ISBN 978－7－5560－5168－7

Ⅰ．①中…　Ⅱ．①刘…　Ⅲ．①渤海—少儿读物 ②黄海—少儿读物
Ⅳ．①P72－49

中国版本图书馆 CIP 数据核字（2016）第 181903 号

# 中国的海洋·渤海 黄海

**出 品 人**：李　兵
**出版发行**：长江少年儿童出版社
**业务电话**：（027）87679174　（027）87679195
**网　　址**：http://www.cjcpg.com
**电子邮件**：cjcpg_cp@163.com
**承 印 厂**：湖北新华印务有限公司
**经　　销**：新华书店湖北发行所
**印　　张**：9.75
**印　　次**：2016 年 8 月第 1 版，2020 年 7 月第 3 次印刷
**规　　格**：720 毫米 × 1000 毫米
**开　　本**：16 开
**书　　号**：ISBN 978－7－5560－5168－7
**定　　价**：29.80 元